Gezielter Einsatz
von Glukokortikoiden
bei obstruktiven
Atemwegserkrankungen
aufgrund neuer
Untersuchungen

Mit freundlicher Empfehlung

SCHERING

Gezielter Einsatz von Glukokortikoiden bei obstruktiven Atemwegserkrankungen aufgrund neuer Untersuchungen

Symposium zum
37. Deutschen Kongreß für Ärztliche Fortbildung
Berlin 1988

Herausgeber:
Prof. Dr. Horst Fehm, Ulm

Friedr. Vieweg Verlag, Braunschweig/Wiesbaden

CIP-Titelaufnahme der Deutschen Bibliothek

**Gezielter Einsatz von Glukokortikoiden bei obstruktiven Atemwegserkrankungen
aufgrund neuer Untersuchungen /** Horst Fehm (Hrsg.). – Braunschweig; Wiesbaden:
Vieweg, 1988

ISBN 3-528-07988-6

NE: Fehm, Horst L. [Hrsg.]

Herausgeber: Prof. Dr. med. H. L. Fehm, Ulm

Konzeption und Realisation: Jürgen Weser, Gütersloh
Herstellung: Gütersloher Druckservice GmbH, Gütersloh
Printed in the Federal Republic of Germany

ISBN 3-528-07988-6

Inhaltsverzeichnis

Verzeichnis der Referenten und Autoren

Fehm, H. L., Prof. Dr., Zentrum für Innere Medizin, Abteilung Innere Medizin I, Steinhövelstraße 9, 7900 Ulm

Hüttmann, U., Prof. Dr., Chefarzt des Kreiskrankenhauses an der Lieth, Pappelweg 5, 3406 Bovenden 1/Göttingen

Kunkel, G., Prof. Dr., Universitätsklinikum Charlottenburg der Freien Universität Berlin im Rudolf-Virchow-Krankenhaus, Abteilung für klinische Immunologie und Asthma-Poliklinik, Augustenburger Platz 1, 1000 Berlin 65
(Mitautoren:
R. Rudkoffsky, B. Siebert, Freie Universität Berlin; Abteilung für klinische Immunologie und Asthma-Poliklinik UKRV,
D. Haack, P. Vecsei, Pharmakologisches Institut der Universität Heidelberg)

Täuber, U., Dr., PH-Pharmakokinetik, Schering Aktiengesellschaft, Müllerstraße 178, 1000 Berlin 65

Vorwort

Als im Jahre 1949 Philip S. Hench, Edward C. Kendall, Charles H. Slocumb und Howard F. Polley zum ersten Mal die Anwendung eines Glukokortikoids bei einer Patientin mit einer rheumatoiden Arthritis beschrieben (Mayo Clinic Proc. 24 : 181, 1949), war dieser Bericht von einer Euphorie geprägt, die durchaus an biblische Wunderheilungen erinnert. So konnte es nicht ausbleiben, daß in den darauffolgenden Jahren mit der Entdeckung der schwerwiegenden Nebenwirkungen dieser Hormone das Pendel zur anderen Seite ausschlug und die therapeutische Anwendung von Glukokortikoiden in Bausch und Bogen abgelehnt, ja verteufelt wurde. In den 40 Jahren, die seither vergangen sind, sind die Ausschläge dieses Pendels noch nicht zur Ruhe gekommen: Die nicht indizierte oder falsch geführte Therapie mit Glukokortikoiden stellt auch heute noch ein Problem dar, ebenso die unbegründete Angst vor der Anwendung dieser Substanzen, so daß gelegentlich Patienten Glukokortikoide vorenthalten werden, die diese dringend benötigten. Diese Beobachtungen lassen es sinnvoll und notwendig erscheinen, das Thema Glukokortikoide im Rahmen ärztlicher Fortbildungsveranstaltungen immer wieder zu diskutieren.

Ein zweiter Grund, über Glukokortikoide zu sprechen, ist darin zu sehen, daß gerade in den letzten Jahren grundlegende neue Erkenntnisse zur Pharmakologie und zum Wirkungsmechanismus der Glukokortikoide gewonnen werden konnten. Jahrelang schien es so, als sei die Steroidforschung, die ja besonders in Deutschland vorangetrieben worden war, auf einem Plateau angelangt, auf dem es nichts mehr zu erforschen gäbe. Nun hat die Anwendung der Techniken der Molekularbiologie dazu geführt, daß 1985 die Struktur des Glukokortikoidrezeptors aufgeklärt werden konnte, ein Jahr später die Struktur des Makrokortins als eines der Proteine, die die Glukokortikoidwirkungen vermitteln. Diese Errungenschaften erlauben ein besseres Verständnis der Glukokortikoidwirkungen; sie führen nicht zu einer weiteren Komplizierung des Sachverhalts, sondern tatsächlich zu einer Vereinfachung unserer Konzepte über die Wirkungsweise dieser Hormone. Insofern ist es wichtig, diese Konzepte jedem Arzt, der mit Glukokortikoiden umgeht, zu vermitteln.

Es gibt wohl keinen Zweifel, daß die obstruktiven Atemwegserkrankungen neben den rheumatologischen Erkrankungen die Hauptindikationsgebiete für den Einsatz von Glukokortikoiden sind. Daraus ergibt sich, daß die Pulmonologen zu der Ärztegruppe gehören, die am meisten Erfahrung im Umgang mit Glukokortikoiden hat. Es ist deswegen besonders erfreulich, daß sich zwei namhafte Pulmonologen, Herr Prof. Kunkel und Herr Prof. Hüttemann, bereit erklärt haben, ihre Erfahrungen darzustellen und zu diskutieren. Die pharmakologischen Grundlagen werden von Herrn Dr. Täuber erörtert.

So bleibt zu hoffen, daß der so entstandene kleine Band tatsächlich eine Hilfe beim täglichen Umgang mit Glukokortikoiden zum Nutzen der Patienten sein wird.

Ulm, 04.07.1988   H.L. Fehm

Neue Aspekte zu Physiologie und Pharmakologie der Glukokortikoide

H. L. Fehm

Die Forschung der letzten Jahre hat uns in die Lage versetzt, die Pharmakologie der Steroidhormone auf der Ebene der Rezeptoren und der Molekularbiologie zu erörtern. Die neu gewonnenen Erkenntnisse ermöglichen ein besseres Verständnis der Wirkung dieser Hormone und führen zu einer Vereinfachung der Konzepte über ihre Wirkungen. Im folgenden sollen deswegen die neuen Aspekte zur Physiologie und Pharmakologie der Glukokortikoide dargestellt werden, soweit sie uns helfen, aus der großen Zahl der zur Verfügung stehenden natürlichen und synthetischen Glukokortikoide dasjenige auszuwählen, das für den jeweiligen Patienten in einer gegebenen Situation am besten geeignet ist. Darüber hinaus ist zu fragen, warum die Applikationsweise, also kontinuierliche versus zirkadiane oder alternierende Therapie, so entscheidend ist.

1. Der Glukokortikoidrezeptor

a) Zytoplasmatischer versus nukleärer Rezeptor

Die Hauptklassen der Steroidhormone, nämlich die Androgene, Östrogene, Gestagene, Glukokortikoide und Mineralokortikoide, wirken jeweils über einen spezifischen Rezeptor in der Zelle des Zielgewebes. Während die Rezeptoren der Peptidhormone in der Zellmembran lokalisiert sind, fanden sich die Rezeptoren für Steroidhormone im Zytoplasma der Zelle (zytoplasmatischer Rezeptor). Nach den derzeitigen Vorstellungen wird das Steroid von dem zytoplasmatischen Rezeptor gebunden; dieser Vorgang bewirkt eine Veränderung der Konformation des Rezeptors und wird als Aktivierung bezeichnet. Der Steroidrezeptorkomplex wird als Folge der Aktivierung zum Zellkern transportiert, wo er an bestimmte Stellen des Chromatins gebunden wird. Diese Vorstellung muß vielleicht im Lichte neuerer Ergebnisse, die zeigen, daß der Östrogenrezeptor hautsächlich im Zellkern lokalisiert ist, revidiert werden. Die Ergebnisse über die Translokation des Glukokortikoidrezeptors sind zwar noch widersprüchlich, es ist jedoch sehr gut möglich, daß sowohl der sogenannte „zytoplasmatische" wie auch der „nukleäre" Rezeptor normalerweise im nukleären Kompartiment lokalisiert sind und daß die mobileren, nicht besetzten Rezeptoren während der Fraktionierung in das Zytosol ausgeschwemmt werden. Der zytoplasmatische Rezeptor wäre auf diese Weise ein Artefakt der Präparation. Möglicherweise bedeutet die Aktivierung nichts anderes, als daß die Affinität zum Chromatin zunimmt, ohne daß dazu eine eigentliche Translokation notwendig wäre.

Die Interaktion des Steroidrezeptorkomplexes mit dem Chromatin bewirkt eine Zunahme der Transkriptionsrate spezifischer Gene. Schließlich wird über die vermehrte Synthese von mRNS die Proteinsynthese verstärkt. Eines der Proteine, die auf diese Weise gebildet werden, ist das Makrokortin (oder Lipokortin), das eine große Zahl der bekannten Glukokortikoideffekte vermittelt (siehe Pkt. b). Die geschilderten Abläufe, die ja unter anderem die Synthese von Proteinen beinhalten, beanspruchen ca. 15 bis 30 Minuten. Aus diesem Grund kann eine Steroidwirkung, die auf diesem Wirkungsmechanismus beruht, erst nach diesem Zeitraum erwartet werden.

b) Aufnahme des Steroids in die Zelle

Um an den zytoplasmatischen bzw. nukleären Rezeptor gebunden werden zu können, muß das Steroid in die Zelle gelangen. Nach allgemeiner Meinung geschieht dies durch passive Diffusion. Zumindest gibt es kaum Hinweise, daß Transportmechanismen durch die Plasmamembran eine Rolle spielen könnten. Es gibt jedoch Wirkungen von Glukokortikoiden, die bereits nach wenigen Minuten manifest sind, die also auch nicht über den geschilderten Wirkungsmechanismus via zytoplasmatischer Rezeptor vermittelt sein können. Man muß vielmehr davon ausgehen, daß solche raschen Effekte bereits beim Durchtritt durch die Zellmembran ausgelöst werden. Ein Beispiel für einen solchen Effekt ist die Hemmung der ACTH-Sekretion, die bereits nach wenigen Minuten nachweisbar ist. Die klinische Erfahrung lehrt, daß auch in der Therapie von Notfallsituationen, insbeson-

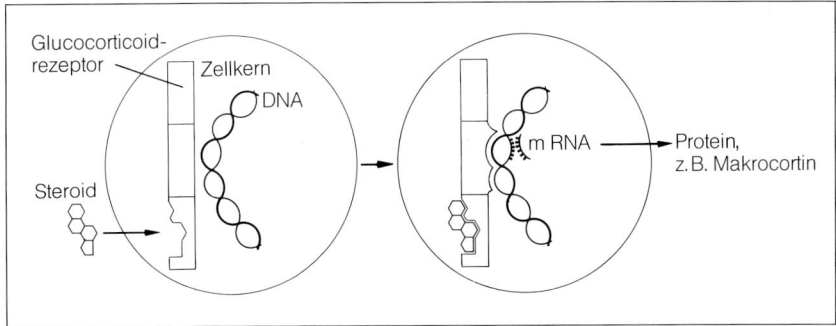

Abb. 1: Schematische Darstellung der Interaktion eines Glukokortikoids mit dem zytoplasmatischen Rezeptor sowie der Interaktion des Steroidrezeptorkomplexes mit dem Chromatin des Zellkerns.

dere beim Asthma bronchiale, solche unspezifischen Steroideffekte, die nicht über den zytoplasmatischen Rezeptor vermittelt werden, eine Rolle spielen können. Man muß davon ausgehen, daß das Ausmaß dieser unspezifischen Steroideffekte von der Zahl der Steroidmoleküle, die in die Zelle aufgenommen werden, abhängt. Diese Überlegungen sprechen gegen die Gabe von Glukokortikoiden mit hoher Potenz (z. B. Dexamethason, das ja wegen seiner hohen antiinflammatorischen Potenz in relativ geringer Menge gegeben wird) in Notfallsituationen.

c) Einheitlichkeit des Glukokortikoidrezeptors

Die Aminosäuresequenz des Glukokortikoidrezeptors konnte 1985 mit gentechnologischen Methoden aufgeklärt werden. Es handelt sich um ein Protein aus 777 Aminosäuren. Überraschenderweise fand sich dabei ein zweites Rezeptorprotein, das aus 742 Aminosäuren besteht und vor allem im C-terminalen Teil Unterschiede in der Aminosäurenzusammensetzung aufweist. Die Funktion dieses 2. Rezeptors ist derzeit unklar. So dürfen und müssen wir davon ausgehen, daß der Glukokortikoidrezeptor in allen Zellen des Organismus derselbe ist. Diese Eigenschaft des Rezeptors spielt eine fundamentale Rolle für das Verständnis der Glukokortikoidpharmakologie. Sie erklärt, warum es den Steroidpharmakologen nicht gelungen ist, das Mole-

11

kül so abzuwandeln, daß bestimmte Wirkungen aus dem gesamten Wirkungsspektrum hervorgehoben und andere – unerwünschte Wirkungen – unterdrückt werden. Wenn ein Steroidmolekül Affinität zum Glukokortikoidrezeptor hat, wird es den Rezeptor in allen Geweben aktivieren und damit stets das gesamte Spektrum an Wirkungen hervorrufen. Das natürliche Glukokortikoid Cortisol besitzt neben seiner Affinität zum Glukokortikoidrezeptor auch eine nennenswerte Affinität zum Mineralokortikoidrezeptor. Durch die Einfügung eines Fluoratoms am C-Atom 9 (9 alpha-Fluorohydrokortison) kann die Affinität zum Mineralokortikoidrezeptor um den Faktor 125 verstärkt werden. Man kommt so zu einem sehr potenten Mineralokortikoid. Durch die Einführung einer Doppelbindung in Position 3 (Prednisolon) wird die Affinität zum Mineralokortikoidrezeptor deutlich verringert, die zum Glukokortikoidrezeptor dagegen um den Faktor 4 verstärkt. Bei allen anderen synthetischen Steroiden ist die Affinität zum Mineralokortikoidrezeptor praktisch zu vernachlässigen. Es handelt sich also um reine Glukokortikoide, wobei die Affinität zum Rezeptor im unterschiedlichen Ausmaß verstärkt ist.

d) Ubiquität des Glukokortikoidrezeptors

Neben der Einheitlichkeit des Glukokortikoidrezeptors ist seine Ubiquität von fundamentaler Bedeutung. Wir müssen davon ausgehen, daß jede Zelle des Organismus Glukokortikoidrezeptoren enthält. Lediglich die Anzahl kann unterschiedlich sein und schwankt zwischen 5.000 und 100.000 Rezeptoren/Zelle. Im Gegensatz dazu findet man z. B. Mineralokortikoidrezeptoren nur in einigen Geweben, wie Niere, Blase, Speicheldrüse und Darm. Durch ein Glukokortikoid wird also die gleiche Reaktion in jeder Zelle des Organismus ausgelöst, das Resultat dieser Reaktion, der biologische Effekt, ist jedoch für jede Zellart spezifisch: So stellt die kortikotrope Zelle die Produktion und Sekretion von ACTH ein, die Leberzelle steigert die Gluconeogenese, die Zytokinsekretion des Lymphozytenherdes hört auf, die Muskelzelle bildet weniger Protein etc. Dies erklärt die ungeheure Vielfalt der Glukokortikoidwirkungen. Man kann davon ausgehen, daß es so viele Wirkungen wie Zelltypen gibt.

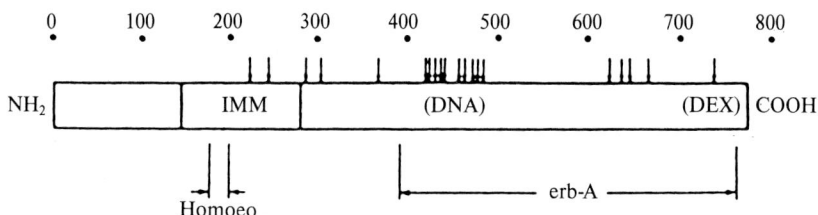

Abb. 2: Schematische Darstellung der primären Aminosäurestruktur des menschlichen Glukokortikoidrezeptors. Die Pfeile weisen auf Cysteinreste hin, die Punkte auf basische Aminosäuren. Es lassen sich 3 Domänen unterscheiden, nämlich eine steroidbindende Region (DEX), eine DNA-bindende Domäne (DNA) sowie eine immunogene Domäne (IMM). Weiterhin ist angedeutet, daß im C-terminalen Teil des Moleküls eine Homologie zum v-erb-A onkogen vorliegt (aus: Weinberger et al., 1985).

2. Mediatoren der Glukokortikoidwirkung

a) Hemmung der Synthese der Prostaglandine und Leukotriene

Es gibt viele Hinweise, daß ein Teil der Steroidwirkungen, insbesondere beim Asthma bronchiale, durch das Makrokortin (Lipokortin) vermittelt werden. Dieses Protein wird in bestimmten Zellen unter der Wirkung der Glukokortikoide vermehrt gebildet und freigesetzt. Makrokortin hemmt nun die membranständige Phospholipase A 2, die aus dem Pool von Phospholipiden die Arachidonsäure freisetzt. Die Phospholipase A 2 spielt damit eine zentrale Rolle für die Synthese der Prostaglandine und Leukotriene, für Substanzen also, die eine wichtige Rolle als Mediatoren entzündlicher Reaktionen spielen. Die nichtsteroidalen entzündungshemmenden Medikamente greifen an späterer Stelle in die Synthese dieser Mediatoren ein. Dies mag erklären, warum Steroide diesen Substanzen überlegen sind. Es gibt jedoch auch Beobachtungen, wonach die Hemmung der Prostaglandine- und Leukotriensynthese durch Glukokortikoide nicht in allen Zelltypen erfolgt und nicht unter allen Umständen. Deswegen muß die Bedeutung des Makrokortin als Mediator der Glukokortikoideffekte weiterhin fraglich bleiben.

13

b) Hemmung der Zytokine

Die Zellen des Immunsystems, nämlich T- und B-Lymphozyten, Monozyten und Makrophagen, kommunizieren miteinander und mit anderen Zellen des Organismus mit Hilfe von Botenstoffen, die als Lymphokine, Interleukine bzw. Zytokine bezeichnet werden. Es handelt sich dabei um hochmolekulare Proteine mit endokriner und parakriner Funktion. In den letzten Jahren konnte mit den Methoden der Gentechnologie die Struktur von mehreren dieser Zytokine aufgeklärt werden; einige werden inzwischen gentechnologisch hergestellt und stehen für die Therapie zur Verfügung. So hat sich Alpha-Interferon bei der Behandlung der Haarzelleukämie bewährt, Gamma-Interferon wurde erfolgreich bei Virusinfektionen eingesetzt. Das Interleukin I hat ein großes Spektrum von Wirkungen, genannt seien hier nur die fiebererzeugende Wirkung (früher deswegen „endogenes Pyrogen" genannt), die Stimulation der Akute-Phase-Proteine in der Leber, die Induktion einer Katabolie in den Muskelzellen oder die schlaf-induzierende Wirkung auf das Zentralnervensystem. Ein anderes Lymphokin, der osteoklastenaktivierende Faktor (OAF), ist verantwortlich für die Osteoporose und Hyperkalziämie, wie sie bei manchen vom lymphatischen Gewebe ausgehenden Tumoren vorkommt. Nun hat sich gezeigt, daß die Freisetzung vieler, wenn nicht aller Zytokine durch Glukokortikoide sehr wirksam supprimiert werden kann. So erklärt sich der fiebersenkende Effekt der Glukokortikoide über eine Hemmung der Freisetzung von Interleukin I als dem endogenen Pyrogen oder die Wirkung auf die onkogene Hyperkalziämie, die Hemmung der Entzündungsreaktion im allgemeinen und die Immunsuppression im besonderen usw.

In jüngster Zeit hat sich gezeigt, daß das neuroendokrine System, das die Cortisolsekretion reguliert, und das Immunsystem aufs engste miteinander verknüpft sind. Es stellte sich heraus, daß das Interleukin I ein sehr potenter Stimulus der ACTH/Cortisolsekretion ist. Unklar ist lediglich noch, ob der Angriffspunkt des Interleukin I an den ACTH-produzierenden Zellen des Hypophysenvorderlappens oder an den CRH-produzierenden Zellen des Nucleus paraventrikularis des Hypothalamus ist. Die Vorstellung jedoch, die von Blalock und Mitarbeitern in einer Serie von Publikationen propagiert wurde, wonach das ACTH selbst in Lymphozyten als Lymphokin produziert werden kann, konnte von uns nicht bestätigt werden. Wir konnten

14

weder mit elektronenmikroskopischen, immunzytochemischen und molekularbiologischen Methoden ACTH bzw. entsprechende mRNA in Lymphozyten finden. Unbestritten ist jedoch die Beobachtung der gleichen Arbeitsgruppe, daß Lymphozyten an der Oberfläche Rezeptoren für ACTH besitzen. Es zeigt sich nun, daß ein Anstieg des Cortisols integraler Bestandteil einer jeden Immunreaktion ist. Dies zwingt uns, die physiologische Bedeutung des Cortisols neu zu überdenken. Die Bezeichnung des Cortisols als ein „Streßhormon" muß wohl fallengelassen werden, wenn sich jetzt herausstellt, daß die Hauptaufgabe des Cortisols darin besteht, eine überschießende Immunreaktion zu verhüten.

Aus den dargestellten Erkenntnissen ergeben sich zwei Folgerungen für den klinischen Einsatz von Glukokortikoiden:

1. Das gewählte Glukokortikoid sollte keine oder nur vernachlässigbare mineralokortikoide Partialwirkung haben.
2. Die Affinität zum Glukokortikoidrezeptor sollte möglichst hoch sein. Wir wissen, daß diese Affinität der antiinflammatorischen Wirkung parallel geht. Diese Aussage muß allerdings durch weitere Überlegungen (siehe unten) eingeschränkt werden.
3. Mit jedem Steroid wird man das ganze Spektrum der Glukokortikoidwirkungen auslösen.

3. Zirkadiane und ultradiane Rhythmik des Plasmacortisols

Das Plasmacortisol wird nicht homöostatisch reguliert. 1970 konnte von Weitzmann und Mitarbeitern gezeigt werden, daß das Cortisol episodisch sezerniert wird. Während des Tages finden sich immer wieder sekretorische Episoden, die sich in aller Regel einem auslösenden Ereignis zuordnen lassen. Ein solches Ereignis ist zum Beispiel das Mittagessen, eine außergewöhnliche körperliche Belastung; besonders effektiv sind psychische Stimuli, wobei vor allem der Aspekt der Neuheit einen starken Stimulus darstellt. Ohne externe Stimuli fällt das Plasmacortisol kontinuierlich ab und hat in der Regel am Abend zum Zeitpunkt des Einschlafens bereits sehr niedrige Werte erreicht, die dann auch für die erste Hälfte des Schlafs charakteristisch sind. In den Morgenstunden des Nachtschlafs kommt es ohne externe Stimuli zu einer Serie von sekretorischen Episoden, so daß das Plasmacortisol zum Zeitpunkt des Erwachens ein Maximum zeigt, das im folgenden Tagesablauf nicht übertroffen wird. Nun kann man das Schlafgeschehen mit Hilfe der Polysomnographie dokumentieren, analysieren und insbesondere verschiedene Schlafstadien unterscheiden. Besonders auffällig ist der paradoxe Schlaf oder Rapid-eye-movement-Schlaf (REM), der durch lebhafte kortikale Aktivität gekennzeichnet ist, die offensichtlich nicht in die Peripherie gelangt. Diese Schlafstadien folgen gesetzmäßig aufeinander, so daß verschiedene Non-REM-REM-Zyklen unterschieden werden können, die jeweils ca. 90 Minuten dauern. Unsere Untersuchungen zeigen, daß der Übergang des 2. zum 3. Non-REM-REM-Zyklus der Trigger für den nächtlichen Cortisolanstieg ist. Auf diese Weise wird gewährleistet, daß zum antizipierten Zeitpunkt des Erwachens das Plasmacortisol auf dem Maximum ist.

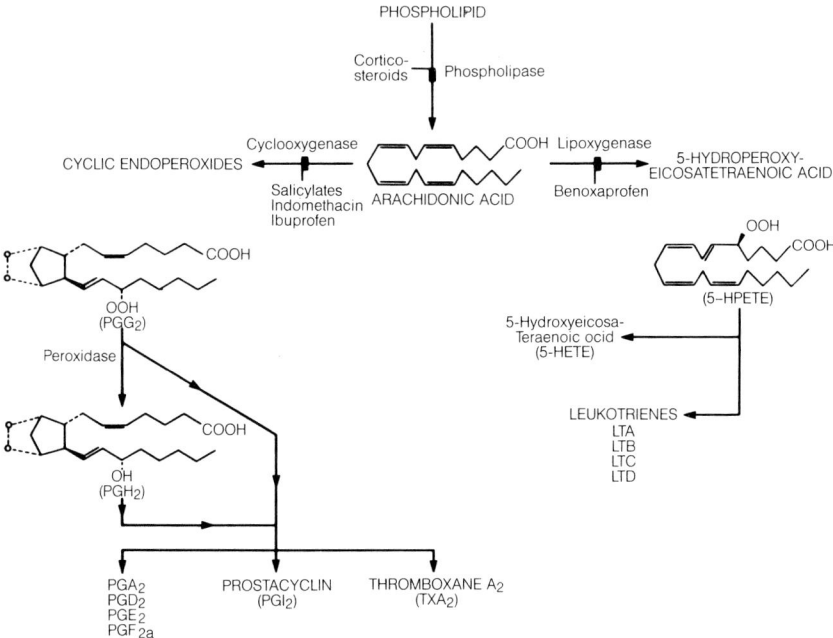

Abb. 3: Biosynthese der Prostaglandine und Leukotriene.

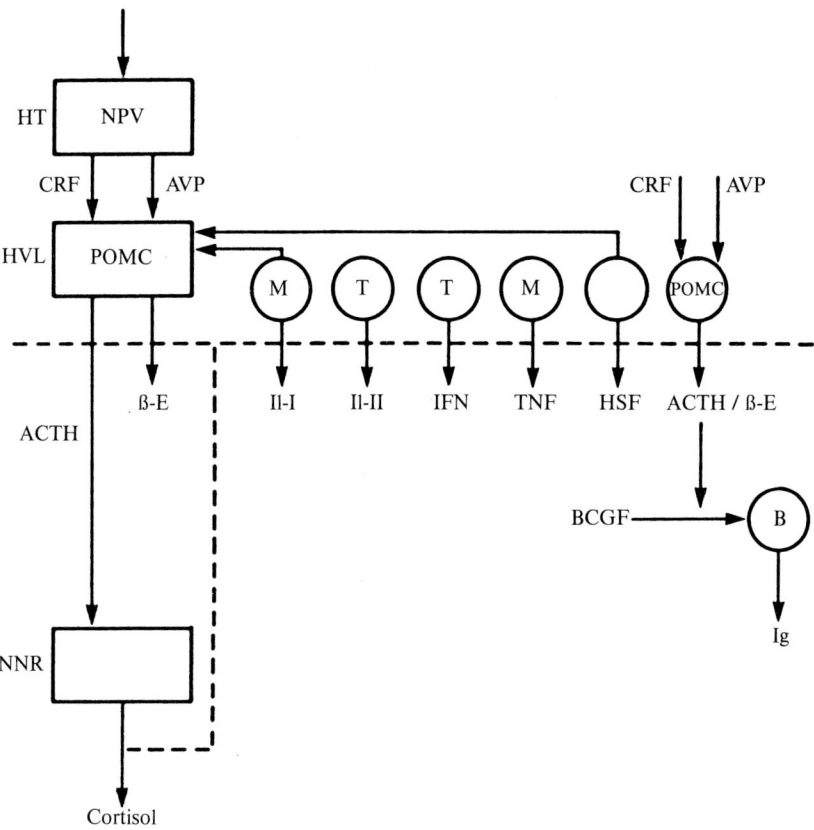

Abb. 4: Schematische Darstellung der Beziehungen zwischen dem neuroendrokrinen System (CRH-ACTH-Cortisol) und dem Immunsystem. Die Kreise sollen die verschiedenen Zellen des Immunsystems darstellen, Makrophagen, Monozyten, T- und B-Lymphozyten.

Auf diese Weise entsteht eine zirkadiane Rhythmik des Plasmacortisols, die für die Funktion des Systems von großer Bedeutung ist. Es ist offenbar für den Organismus wichtig, daß genügend lange Perioden vorhanden sind, in denen das Plasmacortisol sehr niedrig ist.

In diese komplizierte Regulation greift eine jegliche Therapie mit Glukokortikoiden ein. Die langjährige klinische Erfahrung hat gezeigt, daß die Nebenwirkungen der Glukokortikoidtherapie niedrig gehalten werden können, wenn das Medikament im Sinne der zirkadianen Therapie verabreicht wird. Das heißt, daß die gesamte Dosis als einmalige Dosis in den Morgenstunden gegeben wird, zu einem Zeitpunkt also, zu dem das Plasmacortisol auch als endogenes Steroid hoch ist. Noch günstiger ist die alternierende Therapie, d. h. die doppelte tägliche Dosis wird als einmalige morgendliche Dosis gegeben, jedoch nur jeden 2. Tag. Diese Therapieform wird allerdings in der Pulmonologie nur selten angewandt werden können.

Aus diesen Überlegungen ergibt sich, daß man für die Pharmakotherapie ein Glukokortikoid auswählen sollte, daß eine möglichst kurze biologische Halbwertszeit hat. Nur damit ist zu gewährleisten, daß überhaupt eine zirkadiale Therapie durchgeführt werden kann. Ein Steroid mit einer langen biologischen Halbwertszeit, wie z. B. das Dexamethason mit ca. 32 Stunden, eignet sich für eine solche Therapie nicht.

Nun zeigt sich aber, daß die antiinflammatorische Aktivität eines Steroids um so größer ist, je größer die biologische Halbwertszeit ist. Unter diesem Aspekt wird man also ein Steroid mit einer möglichst kurzen Halbwertszeit und damit auch einer geringen antiinflammatorischen Potenz auswählen. Die pharmakologischen Überlegungen sprechen einerseits dafür, in der Therapie mit Glukokortikoiden reine Glukokortikoide mit hoher Rezeptoraffinität einzusetzen. Die Notwendigkeit der zirkadianen Therapie zwingt jedoch dazu, Steroide mit möglichst kurzer biologischer Halbwertszeit und damit in aller Regel eher geringer antiinflammatorischer Potenz zu wählen. In dieser Situation bleibt nichts anderes übrig, als einen Kompromiß einzugehen und letztlich aus der zur Verfügung stehenden Palette ein Steroid zu wählen mit möglichst kurzer Halbwertszeit bei möglichst großer Rezeptoraffinität. Bezüglich der meisten anderen Aspekte, insbesondere bezüglich der Zahl der Nebenwirkungen, sind alle Glukokortikoide gleich.

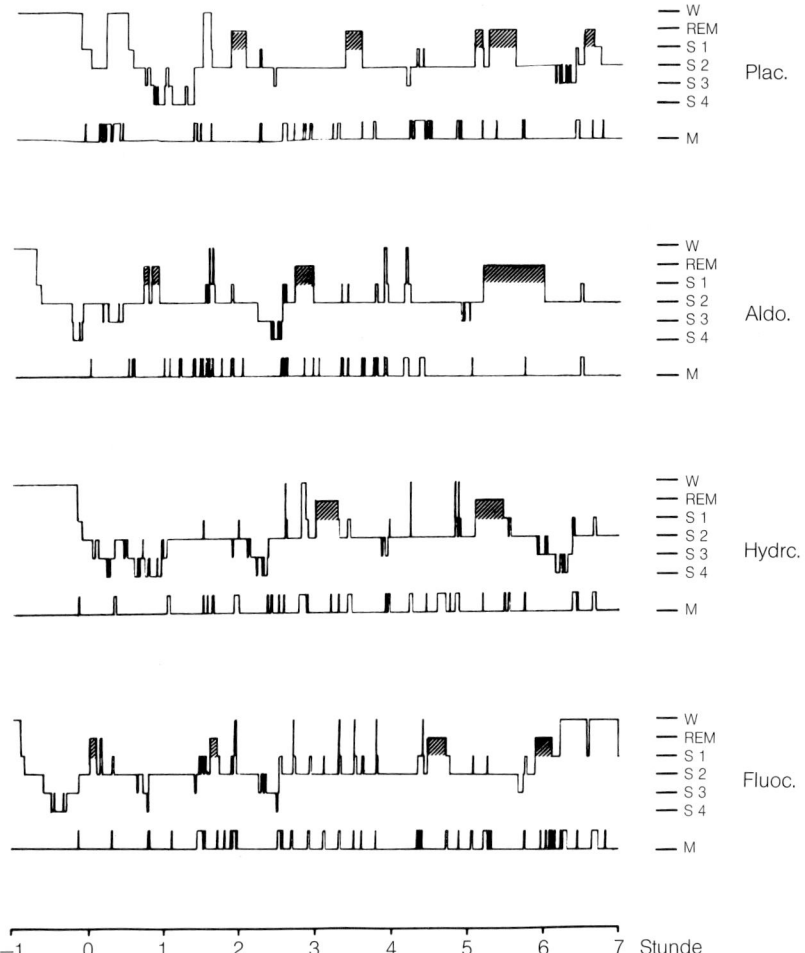

Abb. 5: Schlafprofile einer Versuchsperson, die mit Placebo, Aldosteron
(1 mg als Dauerinfusion), Hydrocortison (80 mg als Dauerinfusion) bzw. Fluocortolon (20 mg per os vor dem Einschlafen) behandelt wurde. Die schraffierten Teile zeigen die Perioden des REM-
Schlafs an. Bereits bei der Betrachtung der Einzelkurven ist zu
erkennen, daß sowohl Hydrocortison als auch Fluocortolon zu einer deutlichen Verminderung der REM-Schlafanteile führten.

4. Glukokortikoidrezeptoren im Zentralnervensystem

Von der eingangs gemachten Feststellung, daß es in allen Zellen des Organismus nur einen Typ von Glukokortikoidrezeptoren gibt, macht das Zentralnervensystem eine Ausnahme. Es ist seit vielen Jahren durch die Arbeiten von McEwen bekannt, daß im Zentralnervensystem 3 Strukturen besonders reich an kortison-sensitiven Neuronen sind, nämlich der Hippocampus, das Septum und die Amygdala. Erst 1986 hat sich gezeigt, daß dieser Rezeptor chemisch dem Mineralokortikoidrezeptor entspricht und funktionell am ehesten als kortison-bevorzugter Rezeptor bezeichnet werden muß. Der Glukokortikoidrezeptor, wie wir ihn von Leberzellen und Lymphozyten kennen, kommt ebenfalls im Zentralnervensystem vor; er hat eine mehr diffuse Verbreitung und wird sowohl in Neuronen als auch in den Gliazellen gefunden. Dieses Modell ist geeignet, Beobachtungen zu deuten, die sonst sehr rätselhaft wären. So fanden wir, daß alle Glukokortikoide den REM- Schlaf unterdrücken. Die Wirkungen verschiedener Glukokortikoide auf den Tiefschlaf (slow-wave-sleep) sind dagegen differentiell: Cortisol führte zu einer Zunahme, Dexamethason zu einer Abnahme an „slow-wave-sleep", Fluocortolon hatte gar keinen Effekt auf diesen Parameter. Offenbar werden die Wirkungen auf den Tiefschlaf von dem hippokampalen, kortison-bevorzugenden Rezeptor vermittelt, die auf den REM-Schlaf dagegen vom „eigentlichen" Glukokortikoidrezeptor des ZNS. Diese Erkenntnisse sind auch deswegen von großer klinischer Bedeutung, weil sie alte klinische Beobachtungen klären können. So wissen wir, daß Patienten mit einem endogenen Hyperkortisolismus, also Patienten mit CushingSyndrom verschiedener Ätiologie, regelmäßig ein endokrines Psychosyndrom aufweisen, wobei die Depression ganz im Vordergrund steht. Die Depression ist häufig so schwer, daß die Suizidalität eine ernsthafte Gefahr darstellt.
Auf der anderen Seite lehrt die Erfahrung, daß die synthetischen Steroide zumindest für einige Tage bis Wochen einen euphorisierenden Effekt ausüben können, der bei schwerkranken und sterbenden Patienten immer wieder mit Erfolg ausgenutzt wird. Es ist durchaus denkbar, daß die depressionsauslösenden Effekte über den hippokampalen Rezeptor vermittelt und damit nur vom Cortisol ausgelöst werden können, während der eigentliche Glukokortikoidrezeptor einen euphorisierenden Effekt

Tabelle 1: Therapierelevante pharmakologische Parameter handelsüblicher Glukokortikoidpräparate

Steroid	Handelspräparat	glukokorti- koide Wirkung	mineralo- kortikoide Wirkung	relative Rezeptoraffinität Ballard et al.	Rohdewald et al.	Plasma- Halbwertszeit
Cortisol	Hydrocortison Hoechst Cortison CIBA, Scheroson Ficortil etc.	1	1	100	9	78 – 96
Prednisolon	Decortin H, Scherisolon Deltacortin Hostacortin H, Ultracoren etc.	4 – 5	0,6	220	16	162 – 240
16-Methylenprednisolon = Prednyliden	Decortilen	4 – 5	0	–	14	162
6α-Methyl- prednisolon	Urbason Medrate	4 – 5	0	1990	42	141 – 168
Triamcinolon	Volon Delphicort	4 – 5	0	–	9	200 – 300
Fluocortolon	Ultralan	4 – 5	0	–	64	48 – 102
Triamcinolonacetonid	Volon A	10	0	1350	–	–
Betamethason	Celestan Betnesol	30	0	540	58	300 – 400
Dexamethason	Fortecortin Millicorten Decadron Auxiloson	30	0	710	100	201 – 255

21

mediiert. Dies ist ein sehr eindrucksvolles Beispiel dafür, wie durch die Erkenntnisse in der Grundlagenforschung klinische Beobachtungen verständlich werden.

Literaturverzeichnis

1 BALLARD PL, CARTER JP, GRAHAN BS, BAXTER JD: A radioreceptor assay for evaluation of the plasma glucocorticoid activity of natural and synthetic steroids in man. J Clin Endocrinol Metab 41:290–304 (1975).

2 DE KLOET ER, REUL JMHM, DE RONDE FSW et al.: Function and plasticity of brain corticosteroid receptor systems: action of neuropeptides. J Steroid Biochem 25:723–731 (1986).

3 FEHM HL, BENKOWITSCH R, KERN W et al.: Influences of corticosteroids, dexamethasone and hydrocortisone on sleep in humans. Neuropsychobiology 16:198–204 (1986).

4 FUXE K, WIKSTRÖM A-C, OKRET S et al.: Mapping of glucocorticoid receptor immunreactive neurons in the rat tel- and diencephalon using a monoclonal antibody against rat liver glucocorticoid receptor. Endocrinology 117:1803–1812 (1985).

5 GILLIN JC, JACOB LS, FRAM DH, SNYDER F: Acute effects of a glucocorticoid on human sleep. Nature 237:398–399 (1972).

6 HOLLENBERG SM, WEINBERGER C, ONG ES et al.: Primary structure and expression of a functional human glucocorticoid receptor cDNA. Nature 318:635–641 (1985).

7 LAN NC, KARIN M, NGUYEN T et al.: Mechanisms of glucocorticoid hormone action. J Steroid Biochem 20:77–88 (1984).

8 MCEWEN BS, DE KLOET ER, ROSTENE W: Adrenal steroid receptors and actions in the nervous system. Physiol Reviews 66:1122–1188 (1986).

9 MCEWEN BS, WEISS JM, SCHWARTZ LS: Selective retention of corticosterone by limbic structures in rat brain. Nature 220:911–912 (1968).

10 ROHDEWALD P, MÖLLMANN HW, HOCHHAUS G: Rezeptoraffinitäten handelsüblicher Glukokortikoide zum Glukokortikoid-Rezeptor der menschlichen Lunge. Atemw-Lungenkrkh 10:484–489 (1984).

11 VOIGT KH, FEHM HL: Klinische Pharmakologie der systemischen Glukokortikoidtherapie. Therapiewoche 31:6230–6240 (1981).

12 WALLNER BP, MATTALIANO RJ, HESSION C et al.: Cloning and expression of human lipocortin, a phospholipase A_2 inhibitor with potential anti-inflammatory activity. Nature 320:77–81 (1986).

13 WEINBERGER C, HOLLENBERG SM, ROSENFELD MG, EVANS RM: Domain structure of human glucocorticoid receptor and its relationship to the v-erb-A oncogene product. Nature 318:670–672 (1985).

Pharmakokinetik von Glukokortikoiden

U. Täuber

Einleitung

Wenn man die Geschichte der nun über 30jährigen Erfahrungen in der klinischen Anwendung von Glukokortikoiden überblickt, so lassen sich drei verschiedene Phasen ausmachen: eine initiale Phase der Euphorie und Begeisterung über die neuen therapeutischen Möglichkeiten, eine Phase der Ernüchterung über die Nebenwirkungen bei langdauernder Anwendung, die sich bei Patienten und Laien bis in unsere Tage hinein bis zur Steroid-Phobie steigerte, und schließlich eine rationale Phase im Umgang mit Glukokortikoiden.

Daß zum sicheren Umgang mit Glukokortikoiden die Beachtung pharmakokinetischer Grundsätze einen nicht unbeträchtlichen Beitrag leisten kann, soll im folgenden aufgezeigt werden:

Die Entwicklung und Markteinführung der meisten systemisch applizierten Glukokortikoide erfolgte zu einer Zeit, als die Wissenschaft der Pharmakokinetik noch in den Kinderschuhen steckte. Erst in den letzten Jahren hat sich durch die immensen Fortschritte in der analytischen Technik, insbesondere durch die Entwicklung des Radioimmunoassay, der HPLC und GC/MS-Methodik das pharmakokinetische Wissen um die Glukokortikoide stark vergrößert [Haack et al., 1981; Vecsei et al., 1984].

Pharmakokinetik und pharmakologische Wirkung

Die Pharmakokinetik ist die Lehre von den Konzentrationsverläufen der Wirkstoffe im Organismus in Abhängigkeit von der Zeit. Während sich die Pharmakologie mit der Wirkung eines Pharmakons auf den menschlichen oder tierischen Organismus auseinandersetzt, untersucht die Pharmakokinetik die Wirkung des Organismus auf ein Pharmakon.

Im allgemeinen unterteilt man das pharmakokinetische Verhalten einer Substanz in folgende Teilprozesse: Liberation aus der Arzneiform, Absorption, Distribution, Metabolisierung und Elimination. Zur Beschreibung der Plasmaspiegelverläufe dienen eine Reihe von pharmakokinetischen Kenngrößen (Tabelle 1). Einige dieser Kenngrößen sind Charakteristika der Wirksubstanz selbst, andere wiederum hängen von der Art der Applikation, aber auch von der pharmazeutischen Formulierung ab. Aus diesen Kenngrößen lassen sich Rückschlüsse auf die oben angegebenen Teilprozesse wie Ausmaß und Geschwindigkeit der Absorption, Bioverfügbarkeit, Art und Geschwindigkeit der Elimination einer Wirksubstanz ziehen.

Damit ein Glukokortikoid wirksam werden kann, ist es notwendig, daß der Wirkstoff das Zielgewebe im Organismus erreicht, dort die Zellmembran penetriert, an den Glukokortikoidrezeptor der Zielzelle bindet, dort eine Konformationsänderung hervorruft, in den Zellkern gelangt, an Chromatin bindet und schließlich die Synthese von Effektorproteinen induziert.

Für die Akutwirkung der Glukokortikoide werden direkte Membranwirkungen angenommen, deren Mechanismen allerdings noch nicht vollständig aufgeklärt sind.

Dem eigentlichen zellulären und molekularpharmakologischen Geschehen beim Zustandekommen des pharmakologischen Effektes ist also eine Reihe von pharmakokinetischen Prozessen vorgelagert bzw. überlagert, die die Intensität und den Zeitverlauf der pharmakologischen Wirkung ganz entscheidend beeinflussen.

Tabelle 1: Pharmakokinetische Kenngrößen

C_{max}	maximaler Plasmaspiegel
fu	freier, nicht proteingebundener Anteil im Plasma
t_{max}	Zeitpunkt des Auftretens von C_{max}
$t_{1/2A}$	Halbwertszeit der Absorption
$t_{1/2}$	Halbwertszeit
k_e	Geschwindigkeitskonstante der Elimination
AUC	Fläche unter der Plasmaspiegelkurve
CL	totale Plasmaclearance
CL_R	renale Clearance
MRT	mittlere Verweildauer
F	Bioverfügbarkeit
V	Verteilungsvolumen

Anwendungsformen für Glukokortikoide

Ziel einer Therapie mit Glukokortikoiden ist es, wie bei jeder anderen Arzneimitteltherapie, mit einer minimalen Dosis die gewünschte pharmakologische Wirkung am Zielorgan sicher zu gewährleisten und dabei das Risiko von Nebenwirkungen so gering wie möglich zu halten [Stüttgen et al., 1986]. Um dieses Ziel zu erreichen, werden Glukokortikoide sowohl lokal (topisch) als auch systemisch angewandt. Bei der *lokalen* Therapie wird versucht, den Wirkstoff direkt an oder in das zu behandelnde Organ oder Gewebe zu bringen und dort durch hohe Wirkstoffkonzentrationen lokale Wirkungen zu erzielen, ohne das System übermäßig mit Wirkstoff zu belasten.

Die wichtigsten lokalen Applikationsformen sind die dermale Applikation, die Inhalation, die intraartikuläre Anwendung sowie die Infiltration in Entzündungsherde.

Bei der *systemischen* Therapie wird der Wirkstoff mit Hilfe des Transportmittels Blut im Organismus verteilt, und nur ein sehr kleiner Teil der Dosis gelangt in der Regel an den Zielort. Eine systemische Therapie ist immer dann indiziert, wenn eine direkte Applikation des Arzneistoffes an den Ort seiner Wirkung nicht möglich ist. Typische systemische Therapien sind die intravenöse, die orale und die intramuskuläre Verabreichung. Bei der rektalen Verabreichung ist zwischen systemischen und lokalen Therapien zu unterscheiden: So handelt es sich bei der rektalen Anwendung von glukokortikoidhaltigen Suppositorien beim Pseudo-Krupp-Syndrom bei Kindern ganz eindeutig um eine systemische Therapie, während die Gabe von Kortikosteroiden und Lokalanästhetika zur Behandlung von entzündlichen Erkrankungen im Analbereich eher eine lokale Therapie darstellt.

Glukokortikoide in der lokalen Therapie

1. Dermale Applikation

Tabelle 2 zeigt die in Dermatika angewendeten Kortikoide. Neben den freien Kortikosteroidalkoholen werden eine Vielzahl von 21-Estern, 17-Estern, 17,21-Diester sowie 16,17-Acetale und 21-Ester dieser Acetale eingesetzt.

25

Tabelle 2: Glukokortikoide in Dermatika

freier Alkohol	17-Ester	21-Ester	17,21-Diester	16,17-Acetale
Desoximetason	Betamethason-17-benzoat	Amcinonid	Alclometason 17,21-dipropionat	Amcinonid
Dexamethason	Betamethason-17-valerat	Clocortolon 21-hexanoat	Betamethason-17,21-dipropionat	Desonid
Fludroxycortid	Clobetasol-17-butyrat	Clocortolon 21-pivalat	Diflorason 17,21-diacetat	Fluocinolon-acetonid
Fluocortolon	Clobetasol 17-propionat	Diflucortolon 21-valerat	Hydrocortison 17-propionat 21-acetat	Halcinonid
Halometason	Hydrocortison-17-butyrat	Fluocinonid Fluocortinbutyl	Methylprednisolon-aceponat	Triamcinolon-acetonid
Hydrocortison	–	Fluocortolon-21-hexanoat	Prednicarbat	
		Fluocortolon-21-pivalat		
		Flumetason-21-pivalat		
		Fluprednliden-21-acetat		
		Hydrocortison-21-acetat		

aus: ROTE LISTE, 1988

26

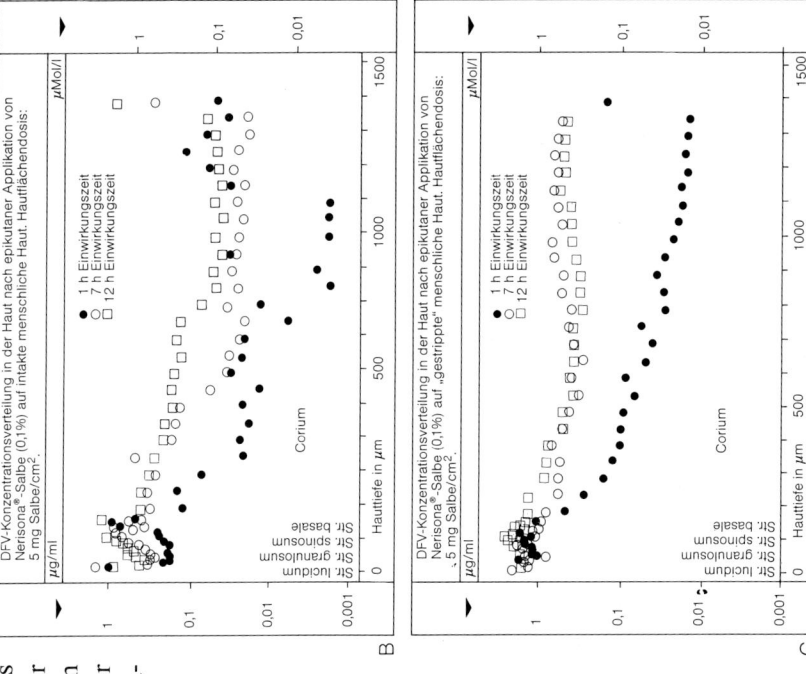

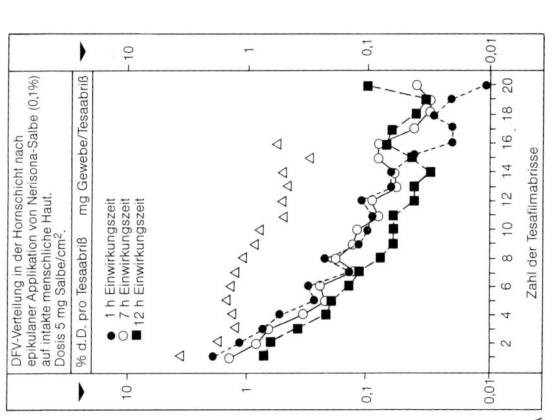

Abb. 1: Konzentrationsprofil des Wirkstoffs in der Hornschicht (A) sowie in der intakten (B) und in der geschädigten menschlichen (C) Haut nach dermaler Applikation von 0.1%iger Nerisona-Salbe, aus: TÄUBER (1983).

27

Abbildung 1 A, B, C zeigt den typischen Konzentrationsverlauf eines Kortikosteroids in der Hornschicht, in der Epidermis und der Dermis nach dermaler Applikation. Durch Entfernen der Hornschicht sowie durch Okklusion lassen sich die Wirkstoffspiegel in der lebenden Epidermis und Dermis deutlich steigern [Täuber, 1983].

Während sich in der Haut durch lokale Applikation hohe Wirkstoffspiegel erzielen lassen, ist die systemische Belastung im allgemeinen gering. Abbil-

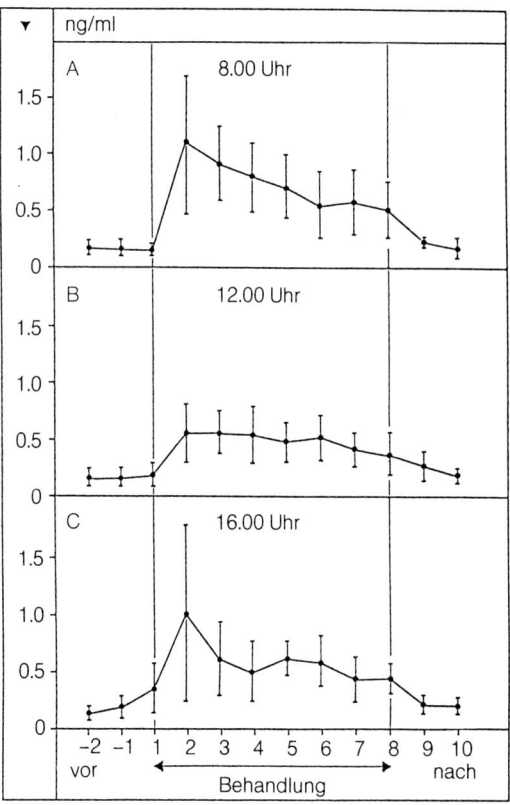

Abb. 2: Konzentration des Wirkstoffs im Plasma von 9 Probanden um 8.00 (A), 12.00 (B) und 16.00 (C) Uhr während 8tägiger Ganzkörperbehandlung mit einer Creme mit 0.1 % Methylprednisolonaceponat.

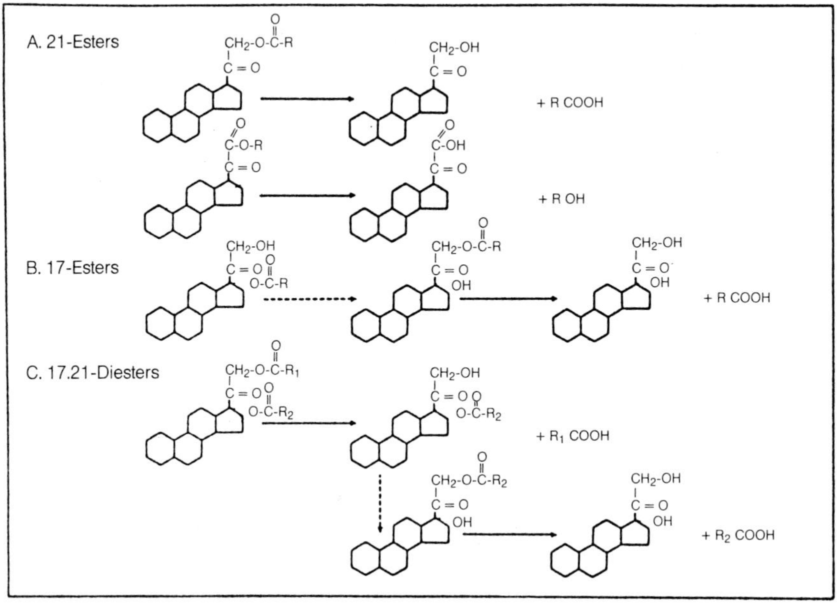

Abb. 3: Biotransformation von verschiedenen Kortikosteroid-Estern in der Haut, aus: TÄUBER et al. (1988).

dung 2 zeigt radioimmunologisch gemessene Plasmaspiegel eines neuen Kortikosteroids, Methylprednisolonaceponat, nach Ganzkörperbehandlung von 9 Probanden über 8 Tage mit einer Creme mit 0.1% Wirkstoff zu verschiedenen Tageszeiten. Spätestens am zweiten Tag nach Behandlungsbeginn werden konstante, niedrige Plasmaspiegel gemessen, die zu keiner Beeinträchtigung des Hypophysen-Nebennierenrindensystems führten. Während bisher nicht bekannt ist, daß Steroidalkohole oder die Steroidacetale in der Haut metabolisiert werden, werden die Kortikoidester in der Haut hydrolisiert [Täuber u. Toda, 1976; Täuber u. Herz-Hübner, 1977; Täuber u. Rost, 1987].

Dabei kommt es zu einer enzymatischen Hydrolyse in C21-Position, während die 17-Ester nicht enzymatisch hydrolisiert werden. 17-Ester lagern sich nicht-enzymatisch durch eine sogenannte Acylwanderung in die entsprechenden 21-Ester um, die anschließend wiederum durch Esterasen gespal-

29

ten werden. Bei den 17,21-Diestern erfolgt die Hydrolyse sequentiell – zunächst erfolgt die Hydrolyse in Position 21 zum 17-Ester, der 17-Ester wandelt sich um in den 21-Ester, der wiederum zum freien Steroidalkohol umgewandelt wird (Abb. 3).

Die Esteraseaktivität in der Haut führt also zur Aktivierung (fast alle 21-Ester sowie 17,21-Diester), da in der Regel die Hydrolyseprodukte stärker an den Kortikoidrezeptor binden als die Ausgangssubstanz. Lediglich im Falle des Fluocortinbutylester kommt es bereits in der Haut zu einer partiellen Inaktivierung, da das Hydrolysenprodukt die Fluocortolon-21-Säure nicht mehr an den Rezeptor bindet [Täuber, 1982; Täuber u. Rost, 1987; Täuber, 1988].

2. Inhalation

Tabelle 3 zeigt die in der Inhalationstherapie eingesetzten Kortikosteroide. Um aus Aerosolen in effektiver Menge Wirkstoff in die Bronchien zu bekommen, sind Partikelgrößen <7–10 μm notwendig. Die Fraktionen kleinerer Partikelgröße gelangen tiefer in die Luftwege als die größerer Partikelgröße. Da beim Asthma sowohl die kleineren als auch die größeren Bronchien betroffen sind, ist eine gewisse Partikelverteilung wünschenswert. Im allgemeinen kann man davon ausgehen, daß bei optimaler Partikelverteilung in der Formulierung ca. 10 % der applizierten Dosis pro Hub in die Bronchien gelangen und von dort auch systemisch verfügbar werden.

Der Rest wird über das mukoziliäre System wieder hochbefördert, verschluckt und enteral resorbiert. Abbildung 4 zeigt den Konzentrationsverlauf der Gesamtradioaktivität (Wirkstoff und sämtliche Metabolite) nach intratrachealer Applikation von Fluocortinbutyl in die Trachea des Hundes. Die Fläche unter dem ersten Gipfel stellt den Anteil dar, der über die Lun

Tabelle 3: Glukokortikoide in Rhinologica/Antiasthmatika

freier Alkohol	Ester
Budesonid	Beclometason-17,21-dipropionat
Flunisolid	Dexamethason-21-isonicotinat
	Tixocortol-21-pivalat*

aus: ROTE LISTE, 1988   * nur als Antiasthmatikum

30

Abb. 4: Zeitlicher Verlauf der ^{3}H-Radioaktivität (Wirkstoff und Metabolite) nach intratrachealer Applikation von 2 mg ^{3}H-Fluocortinbutyl
an 2 Hunden.

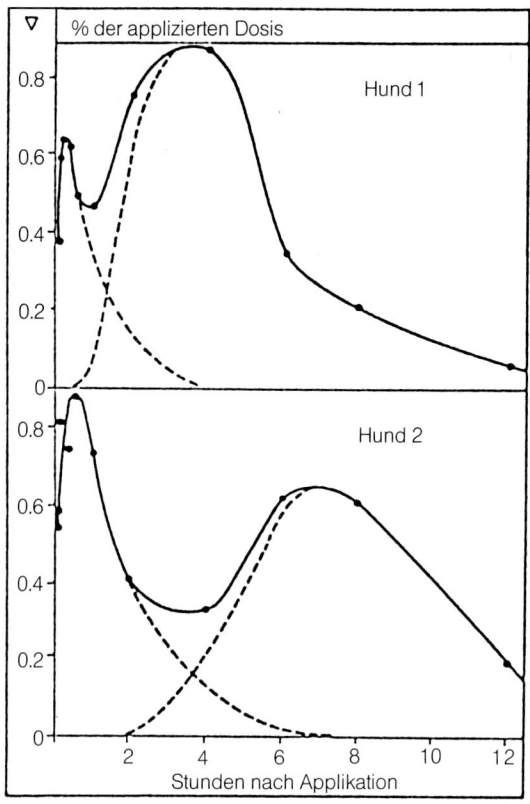

gen resorbiert worden ist; den über den Magen-Darm-Trakt resorbierten
Anteil zeigt die Fläche unter dem zweiten Gipfel an. Nur wenn ein hoher
Teil des enteral resorbierten Dosisanteils bereits während der Resorption
und der ersten Leberpassage inaktiviert wird (sog. „first-pass"-Effekt), ist die
systemische Kortikoidbelastung nach Inhalation deutlich niedriger als nach
oraler Gabe. Dieses Prinzip scheint zumindest bei Beclomethasondipropionat und bei Budesonid realisiert [Martin et al., 1975; Petersen et al., 1987].

Tabelle 4: Glukokortikoide zur i.v.-Applikation

Betamethason-21-dihydrogenphosphat
Dexamethason-21-dihydrogenphosphat
Hydrocortison-21-hydrogensuccinat
Methylprednisolon-21-hydrogensuccinat
Prednisolon-21-dihydrogenphosphat
Prednyliden-21-diethylaminoacetat
Triamcinolonacetonid-21-dihydrogenphosphat

aus: ROTE LISTE, 1988

Glukokortikoide in der systemischen Therapie

1. Intravenöse Applikation

Die als spritzfeste Lösungen verfügbaren oder unmittelbar vor der Injektion aufzulösenden Kortikosteroide sind in der Tabelle 4 zusammengefaßt.
Es handelt sich um 21-Ester und zwar um Dihydrogenphosphate und Hemisuccinate. Da die freien Steroidalkohole nicht oder nur wenig wasserlöslich sind, wurden diese durch Veresterung mit Phosphor- bzw. Bernsteinsäure in die wasserlöslichen 21-Dihydrogenphosphate bzw. Hemisuccinate übergeführt. Diese wasserlöslichen 21-Ester stellen Prodrugs dar, die im Organismus rasch enzymatisch in die freien Kortikosteroide überführt werden. Abbildung 5 zeigt den typischen Zeitverlauf der Konzentration des wasserlöslichen 21-Esters (Betamethason-21-hydrogenphosphat) und des daraus entstehenden Betamethasons [Petersen et al., 1983]. Für die Spaltungsgeschwindigkeit der Phosphatester werden Halbwertszeiten von 4–9 Minuten, für Hemisuccinate Halbwertszeiten zwischen 15–24 Minuten angegeben [Möllmann et al., 1986]. Die Untergrenzen in den Halbwertszeiten gelten für die niedrigen, die Obergrenzen eher für die hohen Dosierungen. Die Halbwertszeiten der aus den Estern freigesetzten Steroidalkohole im Plasma entsprechen denen nach oraler Gabe (siehe unten).

2. Orale Therapie

Tabelle 5 zeigt die in der oralen Therapie angewandten Kortikosteroide, bei denen es sich ganz überwiegend um Steroidalkohole handelt.

Tabelle 5: Glukokortikoide zur oralen Therapie

freier Alkohol	Ester
Betamethason Cloprednol Dexamethason Fluocortolon Methylprednisolon Prednisolon Prednison Prednyliden Triamcinolon	Cortison-21-acetat Paramethason-21-acetat

Abb. 5: Zeitlicher Verlauf der Konzentration von Betamethasonphosphat (BP) und Betamethason (BET) nach intravenöser Gabe von 10.6 mg Betamethasonphosphat, aus: PETERSEN et al. (1983).

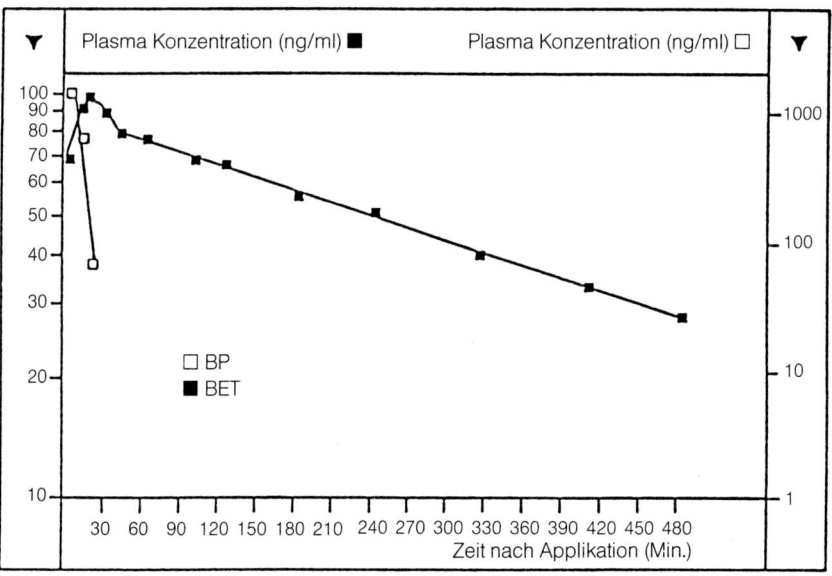

Abb. 6: Wirkstoffspiegelverlauf im Plasma nach intravenöser Applikation von 5 mg und oraler Gabe von 10 und 20 mg Fluocortolon an 5 Probanden. A. lineare, B. halblogarithmische Darstellung, aus: TÄUBER et al. (1984).

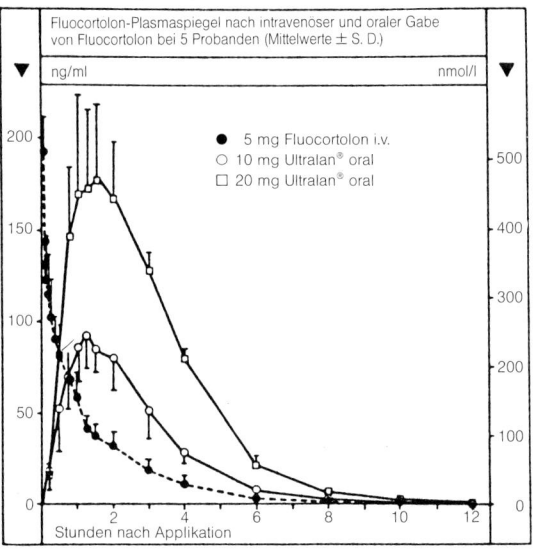

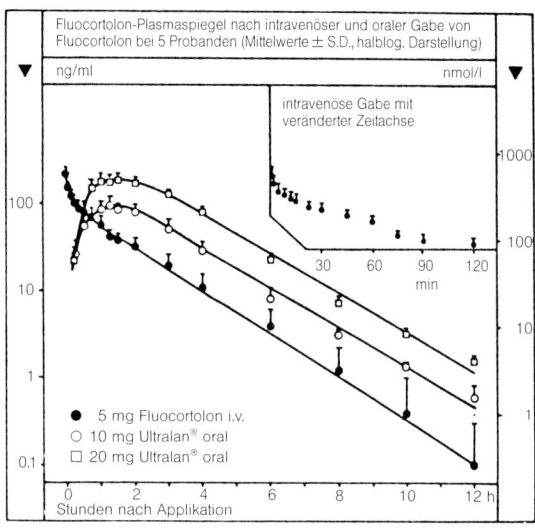

Während sich die meisten Kortikosteroide von Prednisolon – dem in 1,2-Position dehydrierten Hydrocortison – herleiten, wurde Fluocortolon vom Kortikosteron abgeleitet.

Abbildung 6 zeigt die Fluocortolonplasmaspiegel nach einmaliger intravenöser Gabe von 5 mg und oraler Gabe von 10 und 20 mg am Probanden im intraindividuellen Vergleich. Die absolute Bioverfügbarkeit nach oraler Gabe lag bei $\geq 80\%$ [Täuber et al., 1984]. Die Plasmaspiegel fielen unabhängig von der Applikationsart und Dosis mit einer Halbwertszeit von ca. 1.5 h ab. In Abbildung 7 sind die Plasmaspiegel bis zu oralen Dosen von 100 mg dargestellt. Es zeigte sich wiederum strikte Dosislinearität. Der gleichzeitig mitverfolgte Cortisolplasmaspiegel zeigt zwar am gleichen Tag eine Suppression, am nächsten Tag dagegen war bei einmaliger Gabe von Dosen von 20 und 50 mg praktisch keine Suppression mehr beobachtbar [Täuber et al., 1986]. Nach Gabe von 100 mg lag die Suppression bei 50% (Abb. 8). Aussagekräftiger sind Untersuchungen bei längerer Anwendung. So wurden nach 8tägiger Behandlung von Probanden mit 5, 10 und 20 mg Fluocortolon täglich keine Suppression des Plasmacortisols beobachtet (Abb. 9) [Täuber et al., 1988].

Die Untersuchungen zur Pharmakokinetik von Fluocortolon am Patienten mit rheumatischen und hämatologischen Erkrankungen sowie an Kindern mit nephrotischem Syndrom stimmten mit den an gesunden Probanden erhaltenen Ergebnissen überein [Lopatta et al., 1986]. Die maximalen Plasmaspiegel sowie die AUC-Werte stiegen linear mit der Dosis an. Die an Kindern gefundenen Plasmahalbwertszeiten stimmten mit denen bei Erwachsenen überein (Tab. 6).

Tabelle 7 faßt die wichtigsten pharmakokinetischen Parameter der oral applizierten Kortikosteroide zusammen. Die meisten Kortikosteroide werden rasch und vollständig und ohne nennenswerte „First-pass"-Inaktivierung resorbiert. Die Verteilungsvolumina liegen zwischen etwa 0.5 und 1.5 l/kg. Die Kortikosteroide werden praktisch fast ausschließlich durch Biotransformation aus dem Organismus eliminiert, so daß nur geringe Dosisanteile im Harn in unveränderter Form ausgeschieden werden. Die totale Plasmaclearance, die praktisch zu über 90% metabolische Clearance repräsentiert, liegt zwischen 2 und 7 ml/min/kg. Am auffälligsten sind die Unterschiede in den Halbwertszeiten. Die längsten Halbwertszeiten weisen Betamethason, Dexamethason und Triamcinolon auf, gefolgt von Parame-

Abb. 7: Wirkstoffspiegelverlauf im Plasma nach oraler Gabe von 20, 50 und 100 mg Fluocortolon an 9 Probanden. A. lineare, B. halblogarithmische Darstellung, aus: TÄUBER et al. (1986).

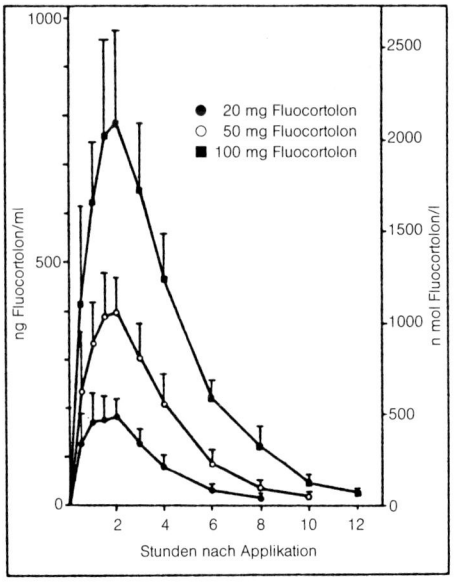

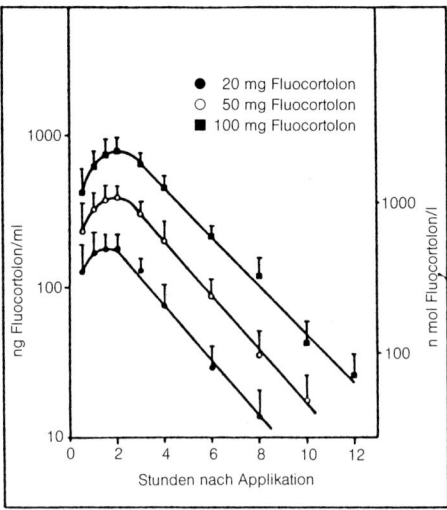

Abb. 8: Zeitlicher Verlauf des Plasmacortisolspiegels (normiert auf Vorwert = 100) nach oraler Gabe von 20 mg, 50 mg und 100 mg Fluocortolon, aus: TÄUBER et al. (1986).

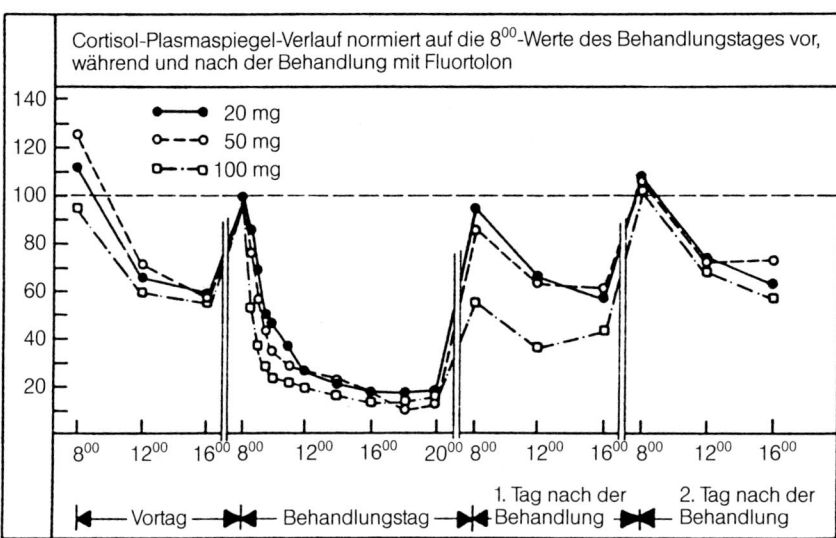

thason. Es folgen Methylprednisolon, Prednyliden und Prednisolon mit Werten zwischen 2 und 3,5 Stunden. Die kürzeste Halbwertszeit, vergleichbar mit derjenigen von Hydrocortison, hat das Fluocortolon.

Systemische Glukokortikoide sollten, wenn immer möglich, zircadian gegeben werden, d. h. die Gesamttagesmenge an Steroid sollte morgens als Einmaldosis verabreicht werden. Da das NNR-Hypophysen-System am Abend wesentlich empfindlicher als am Morgen auf exogen zugeführte Kortikosteroide reagiert, sollte die Störung dieses Systems sehr viel geringer ausfallen, wenn Kortikosteroide mit kurzer Halbwertszeit appliziert werden.

Tabelle 8 zeigt die am Abend, also 12 Stunden nach der morgendlichen Applikation noch im Organismus befindliche Dosis für die einzelnen Kortikosteroide. Bei Gabe von äquivalenten Dosen sind nach Applikation der Glukokortikosteroide mit langer Plasmahalbwertszeit bis zu 50fach höhere Dosen am Abend im Organismus als nach Gabe von Fluocortolon. Selbst bei abendlicher Applikation – um z. B. Asthmapatienten in der Nacht anfallfrei zu halten – sollte sich die Anwendung von Glukokortikoiden mit kurzer

37

Abb. 9: Zeitlicher Verlauf des Plasmacortisolspiegels nach zircadianer täglicher Gabe von 5 mg (Gruppe A), 10 mg (Gruppe B), 20 mg (Gruppe C) und alternierender Gabe von 20 mg (Gruppe D) Fluocortolon über 8 Tage an 6 Probanden, aus: TÄUBER et al. (1988).

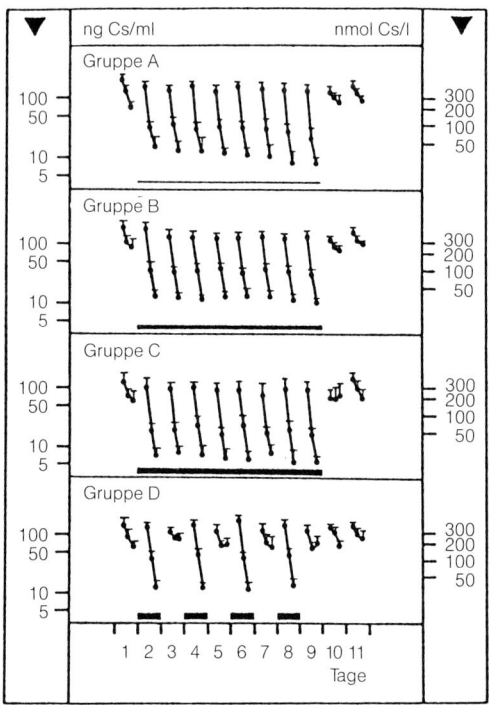

Tabelle 6: Halbwertszeiten von Prednisolon und Fluocortolon im Plasma von Kindern mit nephrotischem Syndrom

Prednisolon [min]		Fluocortolon [min]	
gesamt	frei	gesamt	frei
172 ± 70	116 ± 70	112 ± 71	86 ± 45
n = 13	n = 14	n = 13	n = 11

nach BEHR und VECSEI, 1987

Tabelle 7: Pharmakokinetische Eigenschaften der Glukokortikoide

Substanz	absolute Bioverfüg- barkeit	Verteilungs- volumen l/kg	CL_{tot} ml/min/kg	$t_{1/2}$ h	unverändert im Harn % d. Dosis	Besonder- heit	Referenz
Betamethason		1.4	3.0	5 – 7	5		Peterson et al., 1983
Dexamethason	≧ 80	0.4 – 1.0	3.5 – 5	3 – 4	3	linear	Duggan et al., 1983; Loew et al., 1986; Brady et al., 1987; Rhodewald et al., 1987
Fluocortolon	≧ 80	1.0	7.0	1.3 – 1.7	5	linear	Täuber et al., 1984; Täuber et al., 1986; Legler et al., 1986
Hydrocortison		0.5	5.6	1 – 2	2		Antal et al., 1983
Methylprednisolon	≧ 80	0.9 – 1.4	4.4 – 5.6	2.5	4	linear	Pickup et al., 1979; Täuber et al., 1984; Rose et al., 1981; Szefler et al., 1986; Gambertoglio et al., 1980; Rhodewald et al., 1987
Prednisolon	≧ 80	0.5 – 0.7		3	10	nicht linear	Möllmann et al., 1985
Triamcinolon				3 – 5			

Tabelle 8: Anteil der Dosis im Organismus um 20.00 Uhr nach morgendlicher Gabe der Glukokortikoide aus Spalte 1

	HWZ* [h]	% der Dosis im Organismus 12 h p.appl.	Faktor bezogen auf Fluocortolon
Hydrocortison	1.5	0.4	1
Fluocortolon	1.5	0.4	1
Prednisolon	2.2	2.3	5.8
Prednyliden	2.2-3.2	2.3-7.4	5.8-18.5
Methylprednisolon	3-3.5	6.3-9.3	15.8-23.3
Paramethason	3-4.5	6.3-15.8	15.8-39.5
Triamcinolon	3-5	6.3-19.0	15.8-47.5
Dexamethason	3-5	6.3-19.0	15.8-47.5
Betamethason	5	19.0	47.5

*aus: ROTE LISTE, 1988

Halbwertszeit als günstiger erweisen, da die Wirkdauer, gekennzeichnet durch die sogenannte biologische Halbwertszeit, ja wesentlich länger ist. Tabelle 9 faßt alle therapierelevanten Parameter – entzündungshemmende, mineralokortikoide Wirkung, die Äquivalenz- und die sogenannten Cushing-Schwellendosen sowie die Kortikoid-Rezeptor-Bindungsdaten und die Plasmahalbwertszeit als charakteristischen pharmakokinetischen Parameter – zusammen. Bei der Auswahl des richtigen Kortikosteroids sollte man ein Glukokortikoid mit hoher Rezeptorbindung, guter Wirksamkeit, möglichst hohem Abstand zwischen Cushing-Schwellendosis und Äquivalenzdosis und möglichst kurzer Plasmahalbwertszeit wählen.

3. Depot-Präparate

Tabelle 10 gibt die auf dem Markt befindlichen Depot-Präparate (Kristallsuspensionen) wieder. Es handelt sich durchweg um schwerlösliche 21-Ester oder Kombinationen von wasserlöslichen 21-Estern und schwerlöslichen freien Steroidalkoholen oder 21-Estern. Die Plasmahalbwertszeiten der freien Steroidalkohole werden in diesen Fällen durch die Geschwindigkeit der Auflösung und Freigabe aus dem intramuskulären Depot und nicht

Tabelle 9: Synopsis der wichtigsten therapierelevanten Parameter

Glukokortikoid	Relative entzündungshemmende Wirkung bezogen auf Hydrocortison**	Relative mineralokortikoide Wirkung bezogen auf Hydrocortison**	Äquivalenzdosis in mg	Cushing-Schwellendosis in mg	CBG-Bindung* bezogen auf Hydrocortison = 100%	Relative Rezeptorbindungsaffinität Ratten-Thymus*	Relative Rezeptorbindungsaffinität menschl. Lunge**	Halbwertszeit im Plasma** (h)
Betamethason	25	0	0.75	0.75–1.5	<1	100	58	5–6.7
Cortison	0.8	0.8	25	40–50	–	–	–	–
Dexamethason	30	0	0.75	1.5–2	<1	100	100	3.4–4.3
Fluocortolon	5	0	5	10–20	10	100	64	0.8–1.7
Hydrocortison	1	1	20	30–40	100	23	9	1.5
Methylprednisolon	5	0	4	6–8	2	330	42	2.4–2.8
Paramethason	10	0	2	6–10	–	–	–	–
Prednisolon	4	0.6	5	7.5–10	41	83	16	2.7–4
Prednison	4	0.6	5	7.5–10	–	–	–	–
Prednyliden	4	0	6	18–25	–	–	–	–
Triamcinolon	5	0	4	6–8	–	–	–	3.3–5

* TÖPERT, Schering AG (unveröffentlicht)
** nach MÖLLMANN et al., 1986

Tabelle 10: Glukokortikoide in Depotpräparaten (Kristallsuspension)

Glukokortikoid	Wirkungsdauer [Tage]
Betamethason + Betamethason-21-dihydrogenphosphat	8- 9
Betamethason-21-acetat + Betamethason-21-dihydrogenphosphat	8- 9
Betamethason-21-dihydrogenphosphat + Betamethason-17,21-dipropionat	14-16
Dexamethason-21-acetat	8-12
Dexamethason-21-isonikotinat	
Fludrocortison-21-acetat	
Hydrocortison-21-acetat	1
Methylprednisolon-21-cipionat	
Methylprednisolon-21-acetat	9-11
Paramethason-21-acetat	14-16
Prednisolon-21-acetat	9-11
Triamcinolon-16α,21-diacetat	9-11
Triamcinolonacetonid	18-21
Triamcinolon-21-tert.-butyl-acetat	18-21

nach MÖLLMANN et al. (1986)

durch die Geschwindigkeit der Esterspaltung oder durch die Geschwindigkeit der Biotransformation der freien Steroidalkohole vorgegeben. Die Wirkungsdauer für die oben angegebenen Präparate reicht von ca. 1 Tag für Hydrocortisonacetat über 8-12 Tagen für die Betamethason-, Dexamethason- und Prednisolonester bis zu mehreren Wochen für die restlichen Präparate (siehe Tab. 10). Da mit diesen Präparaten die oben skizzierten Grundsätze einer zircadianen Therapie nicht erfüllt werden können, müssen sie als obsolet gelten.

Literaturverzeichnis

1 ANTAL EJ, WRIGHT CE, GILLESPIE WR, ALBERT KS: Influence of route of administration on the pharmacokinetics of methylprednisolone. J Pharmacokin Biopharm 11:561–576 (1983).
2 BRADY ME, SARTIANO GP, ROSENBLUM SL et al.: The Pharmacokinetics of

single high doses of dexamethasone in cancer patients. Eur J Clin Pharmacol 32: 593–596 (1987).

3 DUGGAN EH, YEH KC, MATALIA N et al.: Bioavailability of oral dexa-methasone. Clin Pharmacol Ther 18: 205–209 (1975).

4 GAMBERTOGLIO JG, AMEND WJC, BENET UZ: Pharmacokinetics and bioavailability of prednisone and prednisolone in healthy volunteers and patients. J Pharmacokin Biopharm 8: 1–52 (1980).

5 HAACK D, GÜNTHER D, KUNKEL G et al.: Radioimmunologische Bestimmung von synthetischen Glucokortikoiden. Atemw Lungenkrkh 7: 283–289 (1981).

6 LEGLER UF: Pharmacokinetics of fluocortolone in man. Eur J Clin Pharmacol 30: 615–617 (1986).

7 LOEW D, SCHUSTER O, GRAUL EH: Dose-dependent pharmacokinetics of dexamethasone. Eur J Clin Pharmacol 30: 225–230 (1986).

8 LOPATTA F, VECSEI P, TÄUBER U, HAACK D: Pharmakokinetik von Fluocortolon in der Langzeittherapie von Patienten mit rheumatischen und hämotologischen Erkrankungen. Arzneim Forsch (Drug Res) 36 (II), Nr. 8 (1986): 1268–1271.

9 MARTIN LE, HARRISON C, TANNER RJN: Metabolism of beclomethasone dipropionate by animals and man. Postgrad Med J 51 (Suppl 4): 11–20 (1975).

10 MÖLLMANN HW, BARTH J, SCHMIDT EW, ROHDEWALD P: Glukokortikoidtherapie bei chronisch-obstruktiven Atemwegserkrankungen. Atemw Lungenkrkh 12: 158–168 (1986).

11 MÖLLMANN HW, ROHDEWALD P, SCHMIDT EW et al.: Pharmacokinetics of Triamcinolone Acetonid and its Phosphate Ester. Eur J Clin Pharmacol 29: 85–89 (1985).

12 PEDERSEN S, STEFFENSEN G, EKMAN I et al.: Pharmacokinetics of Budesonide in Children with Asthma. Eur J Clin Pharmacol 31: 579–582 (1987).

13 PETERSEN MC, NATION RL, MCBRIDE WG et al.: Pharmacokinetics of betamethasone in healthy adults after intravenous administration. Eur J Clin Pharmacol 25: 643–650 (1983).

14 PICKUP ME: Clinical pharmacokinetics of prednisone and prednisolone. Clin Pharmacokin 4: 111–128 (1979).

15 ROHDEWALD P, MÖLLMANN HW, BARTH J et al.: Pharmacokinetics of dexamethasone and its phosphate ester. Biopharm Drug Disp 8: 205–212 (1987).

16 ROHDEWALD P, MÖLLMANN HW, HOCHHAUS G: Rezeptoraffinitäten handelsüblicher Glukokortikoide zum Glukokortikoid-Rezeptor der menschlichen Lunge. Atemw Lungenkrkh 10: 484–489 (1984).

17 ROHDEWALD P, REHDER I, MÖLLMANN HW et al.: Zur Pharmakokinetik und Pharmakodynamik von Prednisolon nach extrem hoher Dosierung als Prednisolonhemisuccinat. Arzneim Forsch (Drug Res) 37: 194–198 (1987).

18 ROSE JQ, YURCHAK AM, JUSKO WJ: Dose dependent pharmacokinetics of prednisone and prednisolone in man. J Pharmacokin Biopharm 9: 389–417 (1981).

19 ROTE LISTE 1988, Editio Cantor, Aulendorf/Württ.

20 SZEFLER SJ, EBLING WF, GEORGITIS JW, JUSKO WJ: Methylprednisolone versus prednisolone. Pharmacokinetics in relation to dose in adults. Eur J Clin Pharmacol 30: 323–329 (1986).

21 STÜTTGEN G, TÄUBER U, BAUER E, ZESCH A: Die lokale und transkutane Pharmakotherapie. Der Hautarzt 37: 65–76 (1986).

22 TÄUBER U: Metabolism of drugs on and in the skin. In: Dermal and transdermal absorption, R BRANDAU, BH LIPPERT (Eds.), Wiss. Verlagsgemeinschaft Stuttgart: 131–148 (1982).

23 TÄUBER U: Drug Metabolism in the skin: advantages and disadvantages. In: Transdermal Delivery Systems, ed. J HADGRAFT, RH GUY, M DEKKER, New York 1988.

24 TÄUBER U, HAACK D, NIEUWEBOER B et al.: The pharmacokinetics of fluocortolone and prednisolone after intravenous and oral administration. Int J Clin Pharmacol Therap Toxicol 22: 48–55 (1984).

25 TÄUBER U, POSERN U, BICKEL U et al.: Fluocortolone: Pharmacokinetics and effect of ACTH and cortisol secretion during circadian and alternate day administration. Eur J Clin Pharmacol (1988).

26 TÄUBER U, RICHTER U, MATTHES H: Fluocortolone: Pharmacokinetics and Effect on Plasma Cortisol Level. Eur J Clin Pharmacol (1986) 30: 433–438.

27 TÄUBER U, ROST KL: Esterase activity of the skin including species variations. Pharmacology and the skin, Vol 1, Skin Pharmacokinetics, ed. B SCHROOT, H SCHAEFER, S KARGER, Basel: 170–183 (1987).

28 TÄUBER U, TODA T: Biotransformation von Diflucortolonvalerianat in der Haut von Ratte, Meerschweinchen und Mensch. Arzneim Forsch (Drug Res) 26, 7b: 1484–1487 (1976).

29 VECSEI P, HAACK D, LICHTWALD K, WEIK U et al.: Untersuchungen der Kinetik von synthetischen Glucokortikoiden mit radioimmunologischen Methoden. In: Glukokortikoide: Forschung und Therapie (Hrsg. HL FEHM, K GRAUPE, J KÖBBERLING), Perimed-Fachbuchverlag mbH Erlangen: 33–41 (1984).

Beurteilung der Dauertherapie bei Asthmatikern mit Steroiden

Ermöglicht der Corticotropin-releasing-factor-Test (CRF-Test) eine Aussage über die Suppression der HVL-NNR-Achse als Kurztest?

G. Kunkel, R. Rudkoffsky, B. Siebert, D. Haack und P. Vecsei

Zusammenfassung

In dieser Studie wurden 44 Patienten mit schwerem und mittelschwerem Asthma bronchiale, die seit längerer Zeit mit synthetischen Glukokortikoiden (per os und inhalativ) behandelt wurden, mit dem CRF-Stimulationstest untersucht. Die Hypophyse konnte in ihrer ACTH-Syntheseleistung durch den CRF-Test direkt beurteilt werden. Bei langer Therapiedauer und hoher Erhaltungsdosis kam es zu einer deutlichen Zunahme der Funktionsstörung der Hypophyse mit eingeschränkter oder aufgehobener Syntheseleistung für ACTH. Bei nichtstimulierbarem ACTH konnten erwartungsgemäß die Glukokortikoide nicht stimuliert werden.

Kurze Behandlungsdauer und/oder niedrige Dosierung ließen die ACTH- und Cortisolsynthese von Hypophyse und Nebennierenrinde weitgehend unbeeinflußt. Konnte ACTH stimuliert werden, kam es zu einem erkennbaren gleichzeitigen Anstieg des Cortisols.

Wurde zur Beurteilung des Ausmaßes einer iatrogen-induzierten Funktionsstörung der HVL-NNR-Achse zumeist der ACTH-Test benutzt, so erscheint der CRF-Test hier überlegen, da er es ermöglicht, parallel sowohl die Hypophyse mit ihrer ACTH-Produktion als auch die NNR mit ihrer Glukokortikoidsynthese zu überprüfen.

Die Verwendung des CRF-Tests als Kurztest (Testdauer 2 Stunden) erscheint möglich, da bei einem Vergleich der Ergebnisse die ersten 2 Stunden mit den Ergebnissen der letzten 2 Stunden Gesamtdauer nur in wenigen Fällen unterschiedlich waren.

Einführung

Die Diagnostik der Erkrankungen des Hypothalamus-Hypophysen-Nebennierenrinden-Systems (HT-HVL-NNR) hat in den letzten Jahren durch die Entwicklung verschiedener spezifischer Tests insbesondere für die Bestimmung der einzelnen Steroidhormone und des ACTH erhebliche Fortschritte gemacht. Da die Testverfahren in den verschiedenen Abschnitten des Regelkreises ansetzen, erlauben sie eine quantitative Beurteilung der Funktion sowie zumeist auch eine Lokalisation der Funktionsstörung. Abb. 1 zeigt einen Überblick über die funktionsdiagnostischen Untersuchungen und deren Angriffspunkte (10, 13). Nach der Verfügbarkeit des CRF etablierte sich schnell der Stimulationstest als nützliches diagnostisches Hilfsmittel[7] in der Neuroendokrinologie. Die Anwendung des üblichen CRF-Testes erfolgt bei der Differentialdiagnose des gesicherten Cushings (1, 5, 7, 8, 9), der Beurteilung der endogenen ACTH und der Cortisolproduktion unter

Abb. 1: Regulationssystem der Nebennierenrindensekretion und Angriffspunkte funktionsdiagnostischer Untersuchungen (nach: WINKELMANN, 1976).

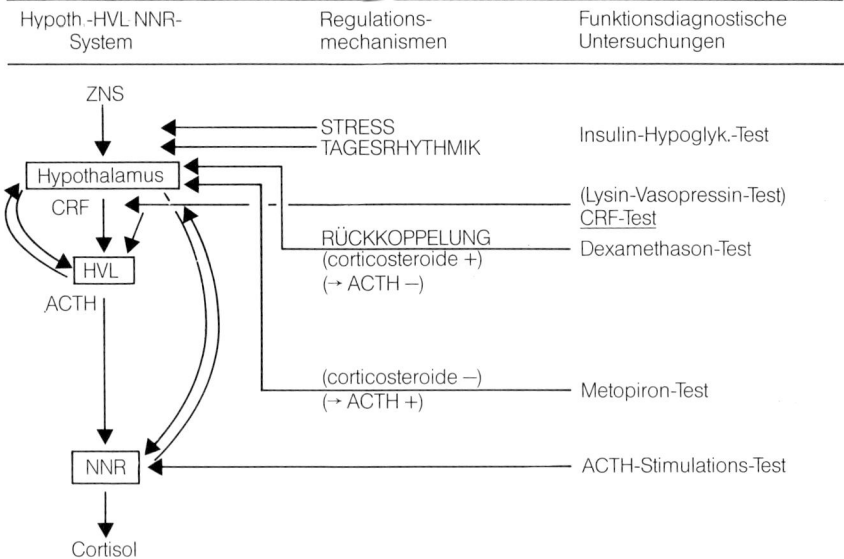

langfristiger dosierter Glukokortikoidtherapie (4, 7) sowie der Differential-diagnose der Hypophysenvorderlappeninsuffizienz (7, 8, 12).
Die vorliegende Untersuchung wurde durchgeführt, um eine Aussage über das Ausmaß einer möglichen Suppression der HVL-NNR-Achse bei Asth-matikern unter Steroid-Dauertherapie in Abhängigkeit von der Dosis, Dauer und Medikation zu machen. Dabei sollte weiterhin untersucht werden, ob der CRF-Test als Kurztest eine eindeutige Beurteilung der unter-suchten Parameter zuläßt.

Patienten:

Untersucht wurden 44 Patienten mit mittelschwerem bis schwerem Asthma bronchiale unter Dauertherapie mit verschiedenen oralen und inhalativen synthetischen Glukokortikoiden im Alter von 16 bis 75 Jahren. Bei allen Pa-tienten mit inhalativer Therapie und bei 8 Patienten mit oraler Therapie lag die tägliche Erhaltungsdosis bei weniger als 10 mg Prednisolon Äquivalent (Päq). 24 Patienten hatten eine Erhaltungsdosis von $\geq$ 10 mg Päq. Es erfolgte eine Einteilung in sechs verschiedene Gruppen (A-F):

Gruppe A:	Prednisolon	
Gruppe B:	Fluocortolon	
Gruppe C:	Triamcinolon	
Gruppe D:	Betamethason	(orale Steroide)
Gruppe E:	Beclomethason-dipropionat	(inhalative
Gruppe F:	Budesonide	Steroide)

Die Gruppen A-E umfassen jeweils 8 Patienten, während die Gruppe F nur vier Patienten enthält. Um den Einfluß der endogenen Glukokortikoide möglichst gering zu halten, wurden die Untersuchungen am späten Nach-mittag durchgeführt. Alle Patienten hatten zur ersten Blutabnahme ihre vol-le Steroidmedikation bereits zircadian eingenommen. Die Blutentnahme der Basiswerte wurde nach einer Ruhezeit von einer Stunde durch eine peri-phere Venenverweilkanüle (22 G) durchgeführt. Ein weiterer Basiswert wur-de nach 15 Minuten ermittelt. Direkt anschließend wurde 0.1 mg oCRF (he-terologes ovines CRF) langsam injiziert. Weitere Blutentnahmen folgten nach 30, 60, 120, 240, 300 und 360 Minuten. Ein Monitoring für Blutdruck und Peakflow wurde zu jeder Blutentnahme durchgeführt. Der Patientengruppe stand eine vergleichbare Kontrollgruppe mit 5 gesunden Probanden gegenüber.

Methoden

Das entnommene Blut wurde in vorgekühlte EDTA-Röhrchen portioniert, zentrifugiert und das Plasma anschließend bei -80°C tiefgefroren.
Die Bestimmung des Cortisols im Plasma wurde mit Hilfe eines RIA bestimmt. 0.1 ml Plasma wurden mit 0.9 abs. Alkohol versetzt und geschüttelt, 3 Minuten bei 10 000 rpm zentrifugiert und 30 μl, nach Einengung im Luftstrom bei Zimmertemperatur, in 100 μl 5 %igem Äthanol/Wasser aufgenommen und in den RIA eingesetzt. Das ACTH wurde im Plasma mit Hilfe des ACTH-trace der Firma NEN im RIA bestimmt. Das eingefrorene Plasma wurde in Sep-Pak-Röhrchen (Fa. Waters Esch) vorbehandelt und dann jeweils 100 μl Probenextrakt in den Essay eingesetzt. Alle ermittelten Daten stellen den Mittelwert von Triplets dar. Die Radioimmunoessays wurden nach der Methode von Haak[2] durchgeführt.

Ergebnisse

Die Auswertung der verschiedenen Hormonplasmaspiegel zeigte für ACTH und Cortisol nur ein gleichsinniges Verhältnis bei den inhalativen Kortikoiden Beclomethason-dipropionat und Budesonide nach oCRF-Stimulation. Bei Betrachtung der Stimulation von ACTH und Cortisol in Abhängigkeit von Dosis und Behandlungsdauer lassen sich folgende Befunde darstellen: Bei der Gruppe der Patienten, deren Therapiedauer 5 Monate überschritt und deren tägliche Dosis über 10 mg/Päq lag, ist eine relativ große Anzahl von supprimierten Fällen vorhanden. 10 von 11 vollständig supprimierten Patienten finden sich in dieser Gruppe, bei denen weder ein ACTH noch ein Cortisolanstieg zu verzeichnen war. Einzige Ausnahme war ein Patient in der Betamethasongruppe, der mit weniger als 10 mg/Päq behandelt wurde (Abb. 2). Bei der Betrachtung der einzelnen Medikamenten-

Abb. 2: Stimulation der Hypophysen-Nebennierenrindenachse durch CRF in Abhängigkeit von Dosis, Therapiedauer und verabreichtem Medikament.

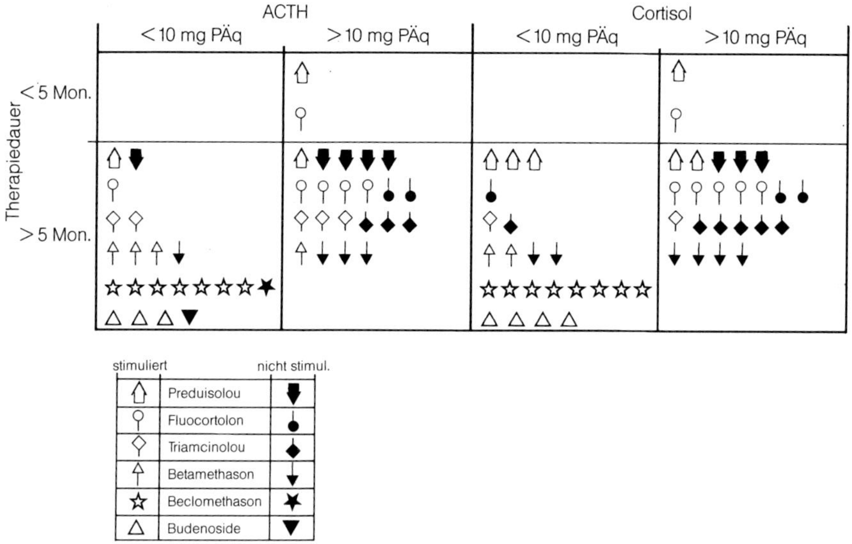

| | ACTH | | Cortisol | |
	<10 mg PÄq	>10 mg PÄq	<10 mg PÄq	>10 mg PÄq
<5 Mon.		⬆ ⚲		⬆ ⚲
>5 Mon.	⬆ ⬇ ⚲ ◇ ◇ ⬆ ⬆ ⬆ ⬇ ☆☆☆☆☆☆☆✳ △ △ △ ▼	⬆ ⬇⬇⬇⬇ ⚲⚲⚲⚲⚲●● ◇◇◇◆◆◆ ⬆⬇⬇⬇	⬆⬆⬆ ● ◇◆ ⬆⬆⬇⬇ ☆☆☆☆☆☆☆ △△△△	⬆⬆⬇⬇⬇ ⚲⚲⚲⚲⚲⬇● ⚲◆◆◆◆◆ ⬇⬇⬇

stimuliert		nicht stimul.	
⬆	Preduisolou	⬇	
⚲	Fluocortolon	●	
◇	Triamcinolou	◆	
⬆	Betamethason	⬇	
☆	Beclomethason	✳	
△	Budenoside	▼	

gruppen zeigte sich zunächst ein gravierender Unterschied zwischen der oralen und der inhalativen Steroidmedikation. Bei 12 Patienten, die mit inhalativen Steroiden (Beclomethasondipropionat, Budesonide) behandelt wurden, kam es zwar bei 2 Patienten nur zu einem geringen ACTH-Anstieg, die Nebennierenrindenfunktion wurde aber in keinem einzigen Fall beeinträchtigt, da alle Cortisolanstiege normal verliefen.

Das gute Ansprechen der HVL-NNR-Achse der mit inhalativen Medikamenten behandelten Patienten entsprach den Erwartungen. Bei den 32 weiteren Patienten, die mit oralen Steroiden behandelt wurden, kam es dagegen in einer Vielzahl der Fälle in deutlicher Abhängigkeit von Therapiedauer und Dosis häufiger zu einer Suppression der HVL-NNR-Achse.

Von den 32 Patienten waren 11 Patienten vollständig supprimiert, 3 zeigten

49

bei geringen ACTH-Anstiegen normale Cortisolanstiege, und 6 Patienten zeigten bei mittleren ACTH-Anstiegen keine Cortisol-Freisetzung an. Nur 12 Patienten der oralen Medikation waren gut stimulierbar, sowohl für ACTH als auch für Cortisol.

Eine eindeutige Unterscheidung der 4 verschiedenen oralen Kortikoide in ihrer supprimierenden Wirkung läßt sich nicht treffen, da in allen Gruppen sowohl vollständig supprimierte Fälle als auch unbeeinflußte Fälle vorkamen. Bei der relativen Betrachtung schneidet jedoch das Fluocortolon, bisher als stark supprimierend beschrieben, gut ab, da es nur in einem Fall zu einer vollständigen Suppression der HVL-NNR-Achse kam. In dieser Gruppe hatten 5 Patienten eine annähernd normale Funktion aufzuweisen, obwohl 7 Patienten mit einer Dosis von über 10 mg/Päq behandelt wurden. Als Vergleich wurden in der Betamethason- und der Triamcinolongruppe bei jeweils 6 Patienten eine vollständige Suppression der Nebennierenrinde bei regelrechten ACTH-Anstiegen gemessen.

Bei der Betrachtung der Einzelkurven (Abb. 3) fällt teilweise ein zweigipfliger Verlauf der ACTH-Kurven auf. Bei 22 Patienten läßt sich eine Funktionsstörung der Hypophysennebennierenrindenachse nicht nachweisen, da es bei Ihnen nach CRF-Gabe zu normalem Anstieg der ACTH- und Cortisolwerte kam.

Für weitere kleine Patientenkollektive konnte eine Vielzahl von Varianten der Hypophysennebennierenachse dargestellt werden, die bereits in vergleichender Literatur gefunden und diskutiert wurden.

Bei der Betrachtung der Kurven unter dem Aspekt der Zeit wurde bei dem positiven Anstieg der maximale Anstieg der Stimulation in den meisten Fällen bei 30–120 Min. festgestellt. So kam es bei 24 Patienten zum maximalen Anstieg innerhalb der ersten zwei Stunden, während es bei 7 Patienten zu keinem Anstieg im gesamten Testverlauf kam. Bei 13 Patienten stiegen die Werte nach dem 2-Stunden-Wert weiter an, jedoch änderte sich durch den Verlauf der Stimulation die Aussage nicht.

Bei der Betrachtung der Cortisolwerte erreichten 18 Patienten die höchsten Werte innerhalb der ersten zwei Stunden, bei 11 Patienten kam es jedoch zu keinem weiteren Anstieg im gesamten Testablauf. Die weiteren 15 Patienten erreichten ihre höchsten Werte jenseits der ersten zwei Stunden, waren jedoch schon in den ersten zwei Stunden deutlich im Normalbereich.

Grundsätzlich ist festzustellen, daß der CRF-Stimulationstest gut vertragen

Abb. 3: Maximaler ACTH-Cortisol-Anstieg nach CRF-Stimulation.

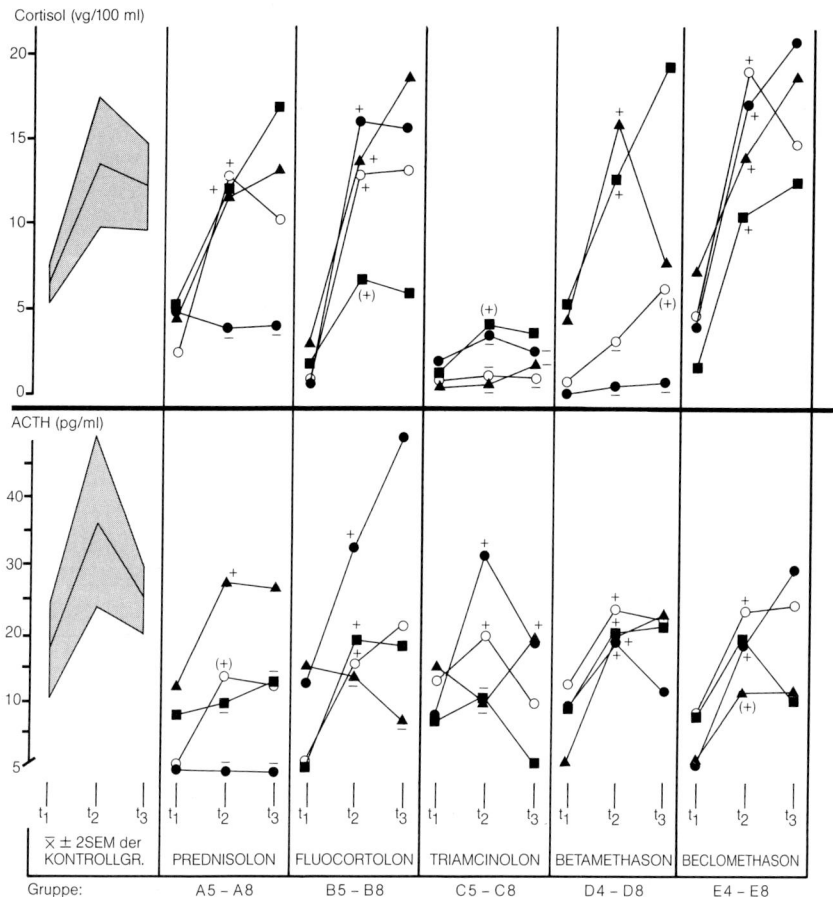

t_1 : Basalwert / t_2 : +30° bis +120° / t_3 : +180° bis +360°

wurde. Bei einem Patienten trat ein kurzzeitiges Schwindelgefühl auf, 4 Patienten gaben Geschmacksveränderungen an, und 10 Patienten bekamen einen unterschiedlich ausgeprägten Flux (davon 4 in der Triamcinolongruppe). Alle diese Symptome waren maximal 10 Minuten nach Beendigung der Injektion von oCRF abgeklungen.

Diskussion

Innerhalb dieser Studie zeigte sich, daß mit Hilfe des CRF-Testes die Hypophyse in ihrer ACTH-Syntheseleistung als weiteres Glied des Hypothalamus-Hypophysennebennierenrinden-Regelkreises direkt beurteilt werden kann. Es konnte festgestellt werden, daß es bei langer Therapiedauer und hoher Erhaltungsdosis zu einer deutlichen Zunahme der Funktionsstörung der Hypophyse mit eingeschränkter oder aufgehobener Syntheseleistung für ACTH kommt. Eine Ausnahme bilden hier die inhalativen Kortikoide (Budesonid, Beclomethason-dipropionat), die in allen Fällen einen ACTH-Anstieg nach CRF-Stimulation sowie einen maximalen Cortisolanstieg zeigten. In der Mehrzahl der Fälle, bei denen ACTH nicht stimulierbar war, konnte erwartungsgemäß das Glukokortikoid nicht stimuliert werden. Eine Kurzbehandlungsdauer und/oder niedrige Dosierung mit synthetischen Glukokortikoiden ließen die ACTH- und Cortisolsynthese von Hypophyse und NNR weitgehend unbeeinflußt. Es zeigte sich, daß in der Mehrzahl der Fälle ACTH und Cortisol gleichsinnig reagierten.

Für die Beurteilung des CRF-Testes gibt es bei der Betrachtung der Fläche unter der Kurve über der Basisfläche in den ersten zwei Stunden vergleichende Ergebnisse gegenüber der gesamten Testdauer. Diese Tendenz läßt eine Verwendung des CRF-Tests als Kurztest mit einer Testdauer von zwei Stunden als durchaus praktikabel erscheinen. Abweichende Einzelergebnisse sind möglicherweise auf die lange Halbwertszeit des oCRF vorhanden. Dabei stehen möglicherweise die Halbwertszeiten des oCRF (5,6 min/52 min/3,3 h) in einer dosisabhängigen ACTH-Ausschüttung zur verlängerten Wirkdauer des oCRF.

Einer breiten Anwendung des CRF-Testes stehen jedoch noch einige Faktoren im Weg. Zum einen handelt es sich bei oCRF um einen heterologen Releasingfactor, bei dem mit einer Antigenwirkung bei mehrmaliger Gabe gerechnet werden muß. Seit der Isolierung von humanem CRF (hCRF) (11) steht eine Substanz zur Verfügung, die aufgrund ihrer kürzeren Halbwertszeit[3] und der fehlenden Antigenkomponente dem oCRF vorzuziehen ist. Zur Beurteilung des Ausmaßes einer iatrogen induzierten Funktionsstörung der HVL-NNR-Achse wurde zumeist der ACTH-Test benutzt. Hier scheint der CRF-Test überlegen, da er es ermöglicht, parallel sowohl die Hypophyse mit ihrer ACTH-Produktion als auch die NNR mit ihrer Glukokor-

tikoidsynthese zu überprüfen und somit einen besseren Einblick in die Gesamtfunktion der HVL-NNR-Achse bietet. Dabei kommt dem 2-Stunden-CRF-Test eine zufriedenstellende, tendenzielle Aussagekraft bei einfacher Anwendung und guter Verträglichkeit zu.
Insgesamt bietet der CRF-Test bei Patienten unter langdauernder Steroidtherapie verschiedene Möglichkeiten:

1. Beurteilung der Schwere der individuellen Funktionsstörung der HVL-NNR-Achse.
2. Verlaufskontrolle unter Therapie, z. B. zur Feststellung individueller Reaktionen auf unterschiedliche synthetische Glukokortikoide.
3. Bei ausschleichender Glukokortikoidtherapie zur Beurteilung der körpereigenen ACTH und Cortisolproduktion (Vermeidung eines Cortisolentzugsyndroms).
4. Zur genauen Lokalisation von Funktionsstörungen in Verbindung mit anderen Tests, z. B. ACTH-Test.

Ob der CRF-Test allein eine genaue Lokalisation einer Funktionsstörung zuläßt, wie sich das bei einigen Patienten aufgetretene, unterschiedliche Verhalten von Hypophyse und NNR (ACTH-Anstieg ohne Cortisol-Anstieg/geringer ACTH-Anstieg mit normaler Cortisolausschüttung) möglicherweise deuten läßt, müßte erst bei einem größeren Patientenkollektiv und unter Zuhilfenahme weiterer Tests (Insulin-Hypoglykämie-Test/ACTH-Test) bestätigt werden.
Obwohl die Ergebnisse dieser Studie im Hinblick auf die niedrige Fallzahl und die nur kleine Kontrollgruppe mit entsprechender Einschränkung zu betrachten sind, so stellt der CRF-Test wegen seiner guten Verträglichkeit bei einer Dosierung von 0.1 mg oCRF bei gleichzeitiger Kontrolle der Funktion der Hypophyse und Nebennierenrinde eine gute Alternative zum nebenwirkungsreichen Lysin-Vasopressin-Test[6] dar. Bei der heutigen Anwendung dieses Tests sollte humanes CRF verwendet werden, da bei wiederholter Anwendung oCRF-Anaphylaxie auftreten kann.

53

Literaturverzeichnis

1 CHROUSOS GP, SCHULTE HM, OLDFIELD EH et al.: The Cortikotropin Releasing Factor Stimulation Test: an Aid in the Evaluation of Patients with Cushing's Syndrome. N Engl J Med 310: 622–626 (1984).

2 HAAK D: Vergleichende Untersuchung über die Kinetik verschiedener Corticosteroide. Allergologie Jg. 6, 1. Beiheft, B38–B42 (1983).

3 HERMUS A, PIETERS GF, PESMAN G et al.: Differential Effects of Ovine and Human Corticotropin-Releasing-Factor in Human Subjects. Clinical Endocrinology 21: 589–595 (1984).

4 LIESE B: Corticotropin-Releasing-Factor (CRF) in der Diagnostik der Hypophysen-Nebennierenrinden-Funktion bei Patienten mit obstruktiven Ventilationsstörungen unter Langzeitsteroidtherapie. Inaug. Diss. an der FU Berlin (1986).

5 MARISKE C, BAUMER FE, HEROLD D, KUNKEL G, MEYSEL U: Corticotropin-Releasing-Factor Stimulation Tests on Asthmatics undergoing Corticosteroid Treatment. Annals of Allergy 55, 2: 701 (1985).

6 MÜLLER OA, STALLA GK, VON WERDER K. CRF: A new tool for the differential diagnosis of Cushing's Syndrome. J Clin Endrocrinol Metab 57: 227–229 (1980).

7 MÜLLER OA, STALLA GK, VON WERDER K: Corticotropin-Releasing-Factor (CRF): Diagnostische Aspekte. Internist 26: 251–258 (1985).

8 NAKAHARA M, SHIBASAKI T, SHIMZUMA K, ODAGIRI Y et al.: Corticotropin-Releasing-Factor Test in Normal Subjects with Hypothalamic-Pituitary-Adrenal Disorders. J Clin Endocrinol Metabol 57: 963–968 (1983).

9 ORTH DN: The Old and the New in Cushing's Syndrome. N Engl J Med Vol. 310, No. 10: 649–651 (1984).

10 SCHMIDT EW, MÖLLMANN HW: Aktuelle Methoden zur Diagnostik der NNR-Funktion. Allergol 6, 1. Beiheft: B9–B13 (1983).

11 SHIBAHARA S, MORIMOTO Y, FURITANI Y et al.: Isolation and Sequence Analysis of the Human CRF-Precusor Gene. The EMBO Journal, Vol. 2, No. 5: 775–779 (1983).

12 TSUKADA T, NAKAI Y, KOH T et al.: Plasma Adrenocorticotropin and Cortisol Response to Ovine Corticotropin-Releasing-Factor in Patients with Adrenocortical Insufficiency Due to Hypothalamic and Pituitary Disorders. J Clin Endocrinol Metabol 58: 758–760 (1984).

13 WINKELMANN W: Nebenniere: Moderne endokrinologische Diagnostik in ihrer Bedeutung für die Praxis. Therapiewoche 26: 1539–1547 (1976).

Glukokortikoide in der Asthmatherapie

U. Hüttemann

Seit mehr als 30 Jahren sind Glukokortikoide unverzichtbarer Bestandteil der antiinflammatorischen Therapie obstruktiver Atemwegserkrankungen. Sie greifen in folgende Pathomechanismen beim Asthma bronchiale ein:

1. Hemmung der Antikörperbildung;
2. Beeinflussung der Bildung, der Speicherung und Freisetzung von Mastzellenmediatoren;
3. Hemmung der Bronchokonstriktion, des entzündlichen Ödems und der Schleimproduktion.

Ihre therapeutische Wirksamkeit zeigt sich somit in:

1. antiinflammatorischen Effekten;
2. Permissiven Effekten auf adrenerge Rezeptoren;
3. Verhinderung der Mediatorenfreisetzung und Bildung;
4. Einflüssen auf den Arachidonsäurestoffwechsel.

Neuerdings wird zusätzlich diskutiert, daß Glukokortikoide die Bildung von beta-adrenergen Rezeptoren stimulieren. Ein hierdurch vermehrter beta-adrenerger Effekt könnte bewirken:

1. Verstärkte Bronchodilatation;
2. Gesteigerte mukoziliäre Clearance;
3. Verhinderung der Mediatorenfreisetzung, vermehrte Abdichtung des Gefäßbettes, Verhinderung eines Schleimhautödems.

Glukokortikoide sind die wirksamsten antiinflammatorischen Asthmamittel. Hätten sie keine Nebenwirkung, wäre ihre symptomatische Anwendung beinahe problemlos. Denn es kommt kaum vor, daß ein Asthmapatient von Anfang an nicht auf Glukokortikoide reagiert[7]. Die länger andauernde systemische Anwendung von Glukokortikoiden ist jedoch untrennbar mit einem hohen Nebenwirkungsrisiko verbunden.

Die wichtigsten Nebenwirkungen sind:

Hypokaliämie	*seltener:*
Osteoporose	psychische Alternation
Cushing	Lanugo
Appetitsteigerung	Katarakt
Ödem	aseptische Knochennekrose
Hautschäden	Pseudotumor cerebri
(Purpura, Atrophie)	(Kinder)
Wachstumsstörungen	Einfluß auf Infekte
Akne	Fettgewebsatrophie
	(Kristallsuspensionen i. m.)
Einfluß auf Diabetes mellitus	

Unkenntnis über Dosiswirkungsbeziehungen und die Vorbedingungen für den Eintritt von Nebenwirkungen haben in der nichtärztlichen Öffentlichkeit, aber auch in der ärztlichen Meinungsbildung das Verständnis für die richtige Anwendung der Glukokortikoide bei Atemwegserkrankungen in den letzten Jahren leider gemindert. Dies hat zur Folge, daß jene Patienten, denen Glukokortikoide in der Asthmatherapie kurzzeitig oder langfristig vorenthalten werden, zwangsläufig eine „Übertherapie" mit Broncholytika betreiben und so in fataler Weise einer cardiovasculären Bedrohung unterliegen. Es gibt Hinweise dafür, daß diese Falschbehandlung zu der wieder angestiegenen Asthmamortalität beigetragen hat[8].

Systemische Glukokortikoidtherapie

Systemisch verabreichte Glukokortikoide haben in der Therapie des Asthma bronchiale ihren festen Platz. Ihr Einsatz, insbesondere in akuten und lebensbedrohlichen Situationen, ist unerläßlich. Gerade der sich schnell entwickelnde Asthmaanfall mit rasch einsetzender Ateminsuffizienz ("Verschluß") verlangt eine sofortige massive und intensive Therapie, *wobei Glukokortikoide auch in hoher Dosierung praktisch als nebenwirkungsfrei angesehen werden können* (1, 8). Selbst bei Dosierungen bis zu 2 g pro die Prednison-Äquivalent ist bei der kurzzeitigen parenteralen Anwendung nicht mit relevanten Nebenwirkungen zu rechnen. Allerdings ist die parenterale Zufuhr nur so lange beizubehalten, bis die Atemwegsfunktion sich deutlich gebessert hat, was in der Regel schon nach Stunden, allenfalls in wenigen Tagen erzielt wird. Dann ist eine Umstellung auf die alleinige orale Medikation möglich, bei deren längerer unkontrollierter Anwendung allerdings Nebenwirkungen unvermeidbar sind.

Folgende Dosierungen beim akuten lebensbedrohlichen, schweren Asthmaanfall (Status asthmaticus) haben sich durchgesetzt:

Bolusgabe von 250 mg Prednison i.v. bei laufender beta-adrenerger Stimulation – ggf. in 30minütigem Abstand zu wiederholen bis zur Erzielung einer suffizienten Atemantwort. Diese läßt sich am besten durch Peak-flow-Stunden- und Tagesprofile nachweisen.

Fortsetzung der parenteralen Bolusgaben in 4- bis 6stündigem Intervall mit jeweils 250 mg Prednison i.v. ggf. bis zu Tagesdosen von 2 g pro die bis zum Verschwinden der akuten Ateminsuffizienz (Blutgase!) oder bis zur Wiedererreichung eines suffizienten Atemstromes (Peak-flow-Werte oberhalb von 150 bis 200 Liter pro Minute).

Nach erfolgreich behandelter akuter Asthmaattacke mit hochdosierten Glukokortikoiden besteht keine Notwendigkeit des "Ausschleichens" über einen Zeitraum von mehreren Tagen. Bei normaler Atmungsfunktion darf bei Beibehaltung der üblichen protektiven beta-adrenergen Behandlung die Glukokortikoidtherapie sofort beendet werden.

Erweist sich jedoch ein Patient als steroidpflichtig, muß eine "Langzeittherapie" eingeleitet werden. Für klinische Bedürfnisse läßt sich die Steroidpflicht an folgenden Kriterien festmachen:

- Deutliche Abnahme der körperlichen Belastbarkeit bzw. Atemnot bereits bei alltäglichen Anstrengungen;
- wiederholtes Auftreten von Nachtasthma innerhalb weniger Tage bei früher ungestörtem Schlaf;
- Verbrauch von mehr als 20 Hüben eines beta-adrenergen Dosier-Aerosols in 24 Stunden;
- Abfall des Peak-flow- bzw. des Einsekundenwerts um mehr als 30 % gegenüber Vergleichswerten.

Bei der Wahl des oralen Glukokortikoids wird man ein solches mit der geringsten Nebenwirkung bevorzugen. Hierzu zählen:

- Fluocortolon,
- Prednisolon,
- Methyl-Prednisolon.

Für die orale Langzeittherapie gibt es folgende Möglichkeiten:

- Zirkadiane Therapie,
- Alternierende Therapie,
- Intermittierende Therapie,
- Kontinuierliche Therapie.

Praktisch durchgesetzt in der Asthmabehandlung haben sich nur die *zirkadiane Therapie* und die *alternierende Therapie.*

In der Langzeittherapie sollten Dosen zwischen 5 und 10 mg Prednison pro die genügen. Die Höhe der täglichen Erhaltungsdosis ergibt sich aus dem Bedarf der täglichen verwendeten Beta-II-Sympathikomimetika. Die Dosierungsnotwendigkeit von mehr als 1 bis 2 mg Fenoterol-Äquivalenzdosis pro Tag (mehr als 10 Hübe eines Dosier-Aerosols stellen eine absolute Indikation zur Erhöhung der Steroiderhaltungsdosis dar). Eine sinnvolle Therapiekontrolle ergibt sich aus dem Patiententagebuch mit Symptomenscore und dem Peak-flow-Protokoll.

Inhalierbare Glukokortikoide

Zur Vermeidung unerwünschter systemischer Effekte, insbesondere auf die Nebennierenrinde, sollte heute der erste Schritt bei der Indikationsstellung zur Glukokortikoid-Langzeitmedikation die Anwendung einer inhalativen Steroidapplikation mit einem hohen First-past-Effekt und hoher lokaler Aktivität sein. Inhalierbare Glukokortikoide müssen daher folgende Anforderungen erfüllen:

---

1. Hohe lokale Wirksamkeit;
2. fehlende systemische Wirksamkeit.

Zur speziellen inhalativen Therapie am Bronchialbaum gibt es derzeit in Deutschland 2 Substanzen:

● Beclomethason-diproprionat (BDP),
● Budenosid.

Unter der Therapie mit topischen Steroiden können systemisch verabreichte Glukokortikoide deutlich reduziert bzw. ganz abgesetzt werden. Das gleiche gilt für den Verbrauch von Beta-II-Sympathikomimetika (3, 6). Parallel dazu kommt es zu einem signifikanten Anstieg des Peak-flow sowie zum Rückgang von subjektiven und objektiven Symptomen. Inzwischen konnte nachgewiesen werden, daß eine tägliche Dosis von 1.500 μg BDP nicht zur Suppression der basalen Cortisolspiegel führt[5].

Unter der Langzeittherapie mit inhalierbaren Steroiden kann die systemische Glukokortikoid-Erhaltungsdosis von 7,5 bis 10 mg pro die reduziert werden. Hieraus folgt, daß bei nahezu 60 % der steroidpflichtigen Asthmatiker auf die systemische Steroidtherapie ganz verzichtet werden kann (3, 5).

59

Lokale Nebenwirkungen

Als lokale Nebenwirkung bekannt ist die pharyngeale Candidiasis (5 %). Sie ist meist mit Auftreten von Heiserkeit verbunden. Schleimhautbioptische Untersuchungen nach längerer Inhalation von BDP haben gezeigt[7], daß auch die länger dauernde Inhalationstherapie zu keiner Atrophie der Bronchialschleimhaut führt.

Therapie mit inhalierbaren Steroiden

1. Bisher nicht steroidbedürftige Patienten

Bei diesen Patienten ist die bronchiale Hyperreaktivität meistens nicht ausreichend mit oralen und inhalativen Bronchodilatatoren behandelt. Die Wirksamkeit der Glukokortikoide bei bronchialer Hyperreagibilität ist unbestritten[6]. Aus diesem Grunde lassen sich mit einer niedrig dosierten Steroiderhaltungstherapie die Symptome häufig ganz beseitigen: Hierzu empfiehlt sich 2 x täglich 200 bis 400 μg Budenosid oder BDP zur Inhalation. Die Wirkung der inhalativen Glukokortikoid-Therapie zeigt sich jedoch erst nach einigen Tagen (ca. einer Woche).

Es ist wichtig, daß die vorher bestehende Therapie mit bronchialerweiternden Medikamenten beibehalten wird. Der Inhalation einer Dosis BDP oder Budenosid sollte stets die Äquivalenzdosis-Inhalation eines Beta-II-Sympathikomimetikums vorausgehen. Bei starker Verschleimung ist eine genügende Deposition der inhalierten Glukokortikoide in der Akutphase nicht gegeben. Es empfiehlt sich daher eine kurzfristige orale Glukokortikoidtherapie zusätzlich zur inhalativen Therapie, wie z. B.:

Tag 1 + 2 = je 30 mg Prednison-Äquivalent oral;

Tag 3 + 4 = je 20 mg Prednison-Äquivalent oral;

Tag 5 + 6 = je 10 mg Prednison-Äquivalent oral.

Bei Patienten mit mäßig ausgeprägter Bronchialobstruktion ist die Dauerdosierung für inhalative Glukokortikoide 2 x täglich 200 bis 400 μg Budenosid oder BDP.

2. Patienten unter systemischer Glukokortikoidtherapie

Bei der Umstellung von Patienten, die auf systemische Glukokortikoide angewiesen sind, auf inhalierbare Glukokortikoide muß vorsichtig und unter ständiger Kontrolle vorgegangen werden (Peak-flow-Protokoll!). Glukokortikoidgaben von täglich mehr als 10 mg Prednison-Äquivalent führen stets zu einer Nebennierenrindensuppression. Es müssen daher folgende Grundregeln aufgestellt werden:

1. Die inhalierbaren Glukokortikoide (Budenosid/BDP) sollten bei unveränderter oraler Therapie in einer Dosis zwischen 800 bis 1.600 μg pro die über mindestens 10 Tage inhaliert werden, ehe eine Reduktion der systemischen Glukokortikoide versucht wird.
2. Die Reduktion der systemischen Glukokortikoide soll erst begonnen werden, wenn der Patient sich in einer stabilen Phase der Bronchialobstruktion befindet (Lungenfunktionsprotokoll).
Eine Dosisreduktion bis etwa 15 mg Prednison-Äquivalent kann schnell erfolgen. Die orale Prednison-Dosis unterhalb von 15 mg pro die wird bei zusätzlich eingeleiteter inhalativer Glukokortikoidtherapie alle 4 Tage um etwa 2,5 mg Prednison-Äquivalent gesenkt. Eine Reduktion der systemischen Dosis unter 7,5 mg sollte nur sehr langsam und etwa um 2,5 mg alle 3 bis 4 Wochen erfolgen.

3. Patienten mit spezifischer oder unspezifischer bronchialer Hyperreaktivität

Bronchiale Hyperreaktivitätskrisen bei normaler Ausgangslage und normaler Ausgangslungenfunktion werden zunächst allein mit einem Beta-II-Sympathikomimetikum inhalativ protektioniert. Die Wirkung der Beta-II-Sympathikomimetika wird durch zusätzliche Gabe eines inhalierbaren Glukokortikoids potenziert. Es reicht in der Regel die alleinige protektive Gabe einer Beta-II-Sympathikomimetikum-Äquivalent-Inhalation gefolgt von 200 bis 400 μg BDP oder Budenosid 1 bis 2 x täglich.

Zusammenfassung

In der Stufentherapie des Asthma bronchiale stehen systemische Steroide grundsätzlich nicht an erster Stelle.

1. Beta-II-Sympathikomimetika
2. Methylxanthine
3. Anticholinergika oder DNCG
4. Systemische Glukokortikoide

Bei der Protektion der bronchialen Hyperreaktivität gibt es keine Stufentherapie mehr! Hier hat sich die Kombination von Beta-II-Sympathikomimetika mit inhalierbaren Glukokortikoiden durchgesetzt und alle anderen Kombinationspartner verdrängt.

Literaturverzeichnis

1 BRITTON MG, COLLINS JV, BROWN D, FAIRHURST NPA, LAMBERT RG: High-dose corticosteroids in severe akute asthma. Brit med J 2: 769 (1973).

2 Steroids in asthma, Editor TJH CLARK, Adis Press Auckland 1983.

3 KUNKEL G, STAUD RD, RUDOLPH R, STOCK U, KERSTEN R: Langzeitbehandlung mit Beclomethasondipropionat-Aerosol bei der steroidabhängigen chronisch reversiblen Atemwegsobstruktion. Atemw-Lungenkrkh 1: 234 (1975).

4 MAGNUSSEN H, MACHA NN: Pharmakotherapie des schweren Asthma-Anfalles. Dtsch med Wschr 108: 1291 (1983).

5 MENZ G, VIRCHOW C: Alternierende systemische Glukokortikosteroidmedikation beim Asthma bronchiale versus hochdosierte topische Kortikoide. Atemw-Lungenkrkh 12: 144 (1986).

6 MÖLLMANN HW, ULMER WT, SCHMIDT EW: Klinisch-pharmakologische Aspekte der Glukokortikoidtherapie bei chronisch obstruktiven Atemwegserkrankungen. Atemw-Lungenkrkh 7: 233 (1981).

7 NOLTE D: Asthma, das Krankheitsbild, der Asthma-Patient, die Therapie. 3. Auflage, Urban und Schwarzenberg, München 1984.

8 WICHERT P: Asthma-Therapie – zuviel oder zuwenig? Dtsch Med Wschr 133: 799–80 (1988).

Zusammenstellung der Fragen vom Begleitsymposium Glukokortikoide in der Asthmatherapie 25. 5. 1988 in Berlin

Frage:
Ich habe nur eine Frage: Ab wann setzt die Wirkung des Kortisons ein? Wie lange es wirkt, hatten Sie ja vorhin gezeigt, aber mir ist auf der Abbildung nicht klar geworden, wann der erste wirklich greifbare Effekt zu sehen ist.

Professor FEHM:
Das ist eine sehr wichtige Frage. Wenn wir uns den Wirkungsmechanismus vorstellen, wie das Steroid in die Zelle diffundiert, an den Rezeptor gebunden wird, zum Zellkern transportiert wird, dort die Bildung von Eiweißen auslöst, so müssen wir davon ausgehen, daß dieser Vorgang wenigstens 20 bis 30 Minuten in Anspruch nimmt. Alle Effekte, die über diesen Mechanismus ausgelöst werden, sind frühestens nach einer solchen Zeitspanne zu erwarten; gerade in der Pulmologie muß man davon ausgehen, daß es einige Stunden dauert, bis die Steroideffekte dann tatsächlich sichtbar werden. Es gibt immer wieder Symptome, die ganz offensichtlich rascher verschwinden. In diesen Fällen müssen wir den Schluß ziehen, daß der Effekt nicht auf dem oben geschilderten Wege zustande kommt, also nicht über den zytoplasmatischen Rezeptor, sondern über einen hypothetischen, ja bislang noch nicht faßbaren membranständigen Rezeptor.

Frage:
Wie erklärt sich die Trennung zwischen mineralokortikoider versus glukokortikoider Wirkung bei nur einem Rezeptor?

Professor FEHM:
Da habe ich mich vielleicht nicht ganz klar ausgedrückt. Es gibt den Glukokortikoidrezeptor und einen ganz eigenständigen Mineralokortikoidrezeptor. Da diese beiden vorhanden sind, war es möglich, im Anfang der Steroid-

Pharmakologie durch Abwandlung des Moleküls eben tatsächlich Steroide zu schaffen, die keine mineralokortikoide Wirkung haben. Das hat verständlicherweise die Hoffnung geweckt, im Laufe der Zeit ganz bestimmte Effekte, z. B. auch die auf das zentrale Nervensystem, unterdrücken bzw. andere gewünschte Effekte hervorlocken zu können. Diese zweite Hoffnung mußte scheitern, weil es hier keine weitere Unterscheidung mehr gibt, denn wir haben nur einen dieser beiden Rezeptoren.

Frage:
Wenn es nur einen einzigen Glukokortikoidrezeptor gibt, was rechtfertigt dann speziell z. B. die Gabe von Dexamethason?

Professor FEHM:
Das ist eine sehr gute Frage. Bekanntlich benutzt alle Welt bei bestimmten Indikationen, z. B. Hirnödem, das Dexamethason oder Betamethason, und das ist auf der Grundlage dessen, was ich Ihnen geschildert habe, überhaupt nicht zu verstehen. Es hat aber trotzdem einen guten Grund, denn Sie sehen, daß alle Studien beim Hirnödem mit Dexamethason oder Betamethason durchgeführt sind. Da wir natürlich gehalten sind, uns bei der Durchführung einer Therapie auf vorhandene Studien zu stützen, verwenden auch wir bei dieser Indikation das Dexamethason.

Frage:
Wie häufig muß man bei der Verabreichung von inhalativen Glukokortikoiden mit dem Auftreten von Soor im Bereich des Mundes rechnen?

Professor HÜTTEMANN:
Ich bin Ihnen dankbar, daß Sie darauf hinweisen. Es gibt keine Therapie ohne Begleiterscheinungen, und in der Tat ist es so, daß der örtliche Einsatz von Glukokortikoiden mit einem Prozentsatz von 5 %, wie ich es angegeben habe, zu pharyngealen und laryngealen Schleimhautaffektionen mit Pilzbesiedlungen führen kann. Die Patienten können diese Gefahr verringern, indem sie diese Substanz stets vor der Mahlzeiteinnahme inhalieren oder nach der Inhalation den Mund ausspülen. Es ist sicherlich bei Patienten mit örtlichem Immundefekt im oberen Atemwegsbereich ein Problem, und es gibt Fälle, bei denen man aus diesem Grund die Therapie mit inhalierbaren

Steroiden dann auch abbrechen muß. Der Prozentsatz solcher Patienten ist aber so klein, daß damit der grundsätzliche Wert dieser Arzneimittelanwendung nicht in Frage gestellt wird.

Frage:
Wie sieht es mit der Dosierung der inhalativen Steroide im Verhältnis zur mukoziliaren Clearance aus?

Professor HÜTTEMANN:
Ich kenne keine Untersuchung, die beim Menschen z. Z. pharmakokinetische Profile der inhalativen Kortikoide im Verhältnis zur mukoziliaren Clearance zeigt, daß man also – meinetwegen alle zwei Stunden – gemessen hätte, wie sich der Plasmaspiegel von Beclomethason oder Budesonid zur mukoziliaren Clearance verhält. Deshalb kann Ihre Frage gar nicht beantwortet werden.

Frage:
Kommt es unter inhalativen Glukokortikoiden nicht zu einer systemischen Wirkung durch Verschlucken der Substanz?

Professor HÜTTEMANN:
Man muß sich klarmachen, daß die Dosis, die bei lokaler Applikation in die Lunge gelangt, doch sehr niedrig ist und deswegen die lokale Wirksamkeit gegeben ist. Ich glaube außerdem nicht, daß man schon unbedingt systemische Defekte beobachten könnte, wenn man diese kleinste Dosis oral geben würde.

Frage:
Wie kontrollieren Sie die Wirksamkeit der Inhalationstherapie mit Glukokortikoiden, und wie lange wenden Sie diese an?

Professor HÜTTEMANN:
Wir haben eine gute Möglichkeit vor allen Dingen mit dem Peak-flow-Protokoll, das durch den Patienten selbst geführt wird und seinem Beschwerdescore, um festzustellen, wie lange er die Kombinationspartner Beta-Adrenergika (B_2-Sympathomimetika) mit inhalierbaren Steroiden braucht.

65

Wenn Sie aufgrund des Peak-flow-Protokolls merken, daß der Patient über zwei bis drei Wochen stabil bleibt und überhaupt gar keine Überempfindlichkeit mehr an den Atemwegen zeigt, daß er zunehmend weniger oder vielleicht gar nicht mehr beta-adrenerge Substanzen braucht, dann ist es natürlich höchste Zeit, sich auch wieder von den inhalativen Steroiden zu trennen. Die Fortführung des Peak-flow-Protokolls zeigt dem Patienten sehr zuverlässig an, ob er ausreichend geschützt ist.

Professor KUNKEL:
Dazu würde ich noch ergänzen: Man sollte die Dosis erst einmal reduzieren und gleichzeitig das Protokoll weiterführen und sehen, ob die Hyperreaktivität der Atmung wieder zunimmt. Erfahrungsgemäß ist es so, daß das Ausmaß der Hyperreaktivität abhängig ist von dem auslösenden Agens. Erfahrungsgemäß benötigt man ein halbes Jahr, bis die Hyperreaktivität sich soweit reduziert hat, daß der Patient ganz ohne Medikamente auskommt, und bei den meisten chronischen Hyperreaktiven kommt man nie wieder davon weg.

Frage:
Sie sprechen die Wichtigkeit von Peak-flow-Protokollen an. Welche praktischen Möglichkeiten gibt es, einem Patienten so etwas in die Hand zu geben? Muß der Patient sich das selbst organisieren? Ist es möglich, daß die Krankenkasse das bezahlt?

Professor HÜTTEMANN:
Man kann es verschreiben, und meines Wissens bezahlt das die Krankenkasse. Die AOK ersetzt es, und die Ersatzkassen verlangen im Einzelfall – das ist von KV-Gebiet zu KV-Gebiet verschieden – eine schriftliche ärztliche Begründung.

Frage:
Wodurch erklären Sie sich die Wirkung der Steroide auf die Physiologie des Schlafes?

Professor FEHM:
Wir gehen davon aus, daß diese Effekte dadurch vermittelt werden, daß sich die Steroide an die Glukokortikoidrezeptoren in den Neuronen des zentra-

len Nervensystems binden und dann dort diese Wirkungen auslösen. Wie es dann weitergeht, z. B. von den hippocampalen kortisonsensitiven Neuronen zu den Strukturen, die für die Schlafprozesse zuständig sind, das ist zum gegenwärtigen Zeitpunkt unbekannt. Nur, daß es tatsächlich über diese Rezeptoren läuft, das kann man kaum bezweifeln. Beantwortet das Ihre Frage?

Frage:
Nicht ganz, denn die Auswirkungen haben Sie offenbar nicht gemessen. Gibt es durch die Kortikoide Serotoninspiegel-Veränderungen oder irgendetwas, was mit dem Schlaf zu tun hat?

Professor FEHM:
Beim Menschen weiß man das noch nicht so genau, bei der Katze würde man davon ausgehen, daß der Serotoninmetabolismus beeinflußt werden muß, aber das ist natürlich beim Menschen nicht zu messen.
Ich würde ganz gerne die Diskussion noch einmal auf die oralen Glukokortikoide zurückführen. Es wurde ja eine sehr kritische Bemerkung gemacht zu den üblichen Angaben: Zur Äquivalenzdosis oder gar zur Cushing-Schwellendosis. Es ist sehr wichtig, darauf hinzuweisen, daß es natürlich ganz außerordentlich grobe Angaben sind, die sich kaum auf harte wissenschaftliche Daten stützen, weil so etwas wie eine Cushing-Schwellendosis beim Menschen oder gar bei einem Patienten in einer bestimmten klinischen Situation nicht definiert werden kann. Der Arzt sollte nicht versuchen, Erfahrungen mit allen möglichen Steroiden zu sammeln, sondern mit nur wenigen Substanzen, weil keineswegs gilt, daß man ganz frei wählen und einfach anhand der Äquivalenzzahlen von einem Steroid zum anderen wechseln kann. In dieser Hinsicht gibt es sicher noch sehr viel größere Unterschiede, als wir bisher berücksichtigt haben. Diese Zahlen jedoch sind eben nur ganz grobe Anhaltspunkte für die Praxis.

Frage:
Gibt es Beobachtungen, daß man nach einer kurz dauernden Steroidtherapie diese bei einer Notfallindikation nicht berücksichtigen muß? Muß man andererseits bei einem Patienten, der unter einer Dauer- oder Langzeittherapie mit Steroiden steht und der operiert werden soll, andere Maßnahmen berücksichtigen, die man ergreifen muß?

Professor FEHM:
Es kommt häufig vor, daß ein Patient, der Steroide nimmt, z. B. operiert werden muß. Wie verhält man sich dann? Ich empfehle immer, vielleicht kann man das ja noch diskutieren, daß man in jedem Fall davon ausgehen sollte, daß die Nebennierenrindenfunktion dieses Patienten vollständig supprimiert ist; es sei denn, man hat sich durch einen ACTH-Test davon überzeugt, daß die Nebenniere bei diesem Patienten normal funktioniert und eben nicht beeinträchtigt ist. Wenn ein solcher Test nicht vorliegt oder eben nicht in einem angemessenen Zeitraum durchgeführt werden kann, sollte man davon ausgehen, daß der Patient nebenniereninsuffizient ist. Die Gabe einer Substitutionsmenge von Kortison schadet ihm nicht, aber sie ist unter Umständen lebensrettend.
Ich würde mich gerne nochmals zu den praktischen Schwierigkeiten bei der Substitutionstherapie äußern. Womit wir sehr viel zu tun haben, ist die Tatsache, daß in der Laienpresse die Kortikosteroide immer wieder angeprangert werden. Die Patienten mit Nebennierenrindeninsuffizienz kommen und sagen: „Dieses Teufelszeug nehme ich nicht." Das zweite ist, daß selbst Kollegen, wenn sie das Wort Kortison hören, vielen Patienten sagen: „Um Himmels Willen, aber nicht diese Kortikoide." Dadurch wird es sehr schwierig, dem Patienten klarzumachen, daß es ein Medikament für ihn ist, was seine Lebenserwartung verlängert und nicht verkürzt. Dies soll noch einmal ein Appell an das Auditorium sein, die Kortikosteroide nicht allein nach den potentiellen Nebenwirkungen zu betrachten. Die Nebenwirkungen sind abhängig von der Dosis, von der Verabreichungsform, von der Indikation, von der Substanz und von allen möglichen anderen Faktoren. Jedes Medikament hat Nebenwirkungen. Man muß verstehen, mit einem Medikament umzugehen; dann wird es gelingen, mit möglichst wenig Gefahren für den Patienten eine Therapie zu betreiben.

Frage:
Ich kann mich noch gut erinnern, daß Meldungen von Experten zu uns kamen, hauptsächlich über die Presse, in denen die Cushing-Schwellendosis so alle Vierteljahre und manchmal sogar in kürzeren Zeitabständen neu eingestuft wurde. Sowohl die Fachpresse wie auch wir Ärzte haben inzwischen dazugelernt. Sie warnen nun hier und sagen, daß die Substanzen in Beziehung auf die Äquivalenzdosis und die Cushing-Schwellendosis nicht so

genau einzureihen sind. Was würden Sie dem niedergelassenen Arzt als Faustregel zur Cushing-Schwellendosis an die Hand geben? Kann der Arzt seinem Patienten sagen, daß ein Präparat bei einer bestimmten Dosierung aller Wahrscheinlichkeit nach nicht gefährlich ist?

Professor FEHM:
Ich gehe davon aus, daß man das Steroid im Sinne der zircadianen Therapie anwendet; wenn man es auf dreimal täglich verteilt, muß man mit mehr unerwünschten Wirkungen rechnen. Aber als Einmaldosis verabreicht, sind Mengen, die unter 7,5 mg Prednisolon-Äquivalenz liegen, ohne Gefahr, ein endogenes Cushing-Syndrom hervorzurufen. Bei diesen Angaben handelt es sich aber nur um eine Faustregel.

Professor HÜTTEMANN:
Sie haben eben die Steroidphobie angesprochen. Im Gegensatz dazu existiert momentan, mehr oder weniger auf dem Grauen Markt, so eine Art Wundermittel aus Fernost namens Amborum* spezial, mit dem man immer wieder konfrontiert wird. In diesem Präparat sind nicht unwesentliche Mengen von Steroiden enthalten, ohne daß sie ausgewiesen werden, so daß man bei Patienten, die das über Jahre einnehmen, mit einer Nebennierenrindensuppression rechnen muß.

Professor FEHM:
Man muß immer wieder betonen, daß bei Medikamenten, die neben anderem Steroide enthalten, die Steroide die wirksamsten Bestandteile sind und alle anderen keine große Rolle spielen. Man sollte aber das Steroid immer als ein Medikament sehen, das man gezielt, bewußt und steuerbar einsetzen muß, und das kann man natürlich niemals mit einem Mischpräparat.

Frage:
Wie erklären Sie sich die Unterschiede zwischen kurzer Plasmahalbwertszeit und langer biologischer Wirkdauer beim Ultralan-oral?

---

* Amborum spezial ist ein Saft, der alle möglichen Kräuter enthält und hohe Dosen von Kortikoiden. Er wird aus Hongkong importiert. Seine Verwendung in der Bundesrepublik wurde verboten (Anmerkung d. Redaktion).

Dr. TÄUBER:
Die Wirkung von Fluocortolon dauert zweifelsohne wesentlich länger an, als die Plasmahalbwertszeit von 1 1/2 Stunden. Das gilt für alle Kortikosteroide. Durch das Kortikosteroid wird aufgrund des Wirkungsmechanismus, wie es Herr Professor Fehm dargestellt hat, eine Sequenz von Ereignissen in Gang gesetzt, die ihre Eigendynamik entwickelt.

Frage:
Wie sieht es mit einer prophylaktischen Gabe von INH bei Tuberkuloseverdacht aus?

Professor HÜTTEMANN:
Eine Tbc-Prophylaxe in dem Sinne, daß man einen positiven Tuberkulintest behandelt, ist natürlich Unfug: Wir machen mit einer INH-Therapie in der Tat eine Prävention gegen noch vermutete virulente Erreger, d. h. man behandelt Mycobacterium tuberculosis, das aber in einer so geringen Anzahl im Körper vermutet wird, daß ein klassisches Therapiemodell mit mehreren Substanzen nicht erforderlich ist; das ist der Fall, wenn im Röntgenbild sogenannte minimale radiologische spezifische Herde vorhanden sind und wenn eine erhöhte Tuberkulinreaktion gefunden wird. Man würde für den Fall, daß eine erhöhte Tbc-Exposition oder eine Tuberkulosegefährdung vorliegt, eine INH-Prävention über 3–5 Monate mit 7 mg/kg Körpergewicht durchführen – aber nur in diesen Fällen. Keineswegs ist es so, daß nun jeder Patient mit abgeschwächter Tuberkulinprobe oder abgeschwächter Tuberkulinreaktion mit INH behandelt werden muß. Bei einem größeren Kollektiv von 10.000 steroidpflichtigen Asthmatikern habe ich nur bei 1% überhaupt eine aktive Tuberkulose gesehen. Das deckt sich auch mit anderen Zahlen; diese Patienten werden dann am besten nicht mehr nur mit INH behandelt, sondern gleich einer richtigen Mehrfachbehandlung zugeführt.

Frage:
Wie sieht es mit der Prophylaxe von Patienten mit allergischem Asthma im Frühjahr aus?

Professor HÜTTEMANN:
Sie meinen jetzt Patienten mit Heu-Asthma. Diese müssen Sie während der

70

Saison therapieren. Eine Woche danach würde ich aufhören mit der Therapie. Die Hyperreaktivität kann zwar noch bis 4 Wochen weiterhin bestehen bleiben, aber es ist anzunehmen, wenn nicht gerade ein Infekt kommt oder eine Pneunomie, daß die Leute dann nicht echt gefährdet sind, einen Status asthmaticus zu bekommen. Wenn sie weitere Symptome im Sinne der unspezifischen Reaktionsweise nach Allergenexposition haben, muß man noch länger behandeln.

Frage:
Allergieprophylaxe, Wirkungen und Nebenwirkungen: Professor Hüttemann hatte über die Wirkungen von Kortisonsprays versus DNCG-Sprays gesprochen. Wie sieht es in dieser Hinsicht von den Nebenwirkungen her aus? Läßt sich die deutliche Präferenz gegenüber dem Kortison so aufrechterhalten, oder muß man diese Aussagen u. U. doch etwas abschwächen?

Professor HÜTTEMANN:
Wenn Sie ein allergisches Krankheitsbild, z. B. ein Pollenasthma, vorliegen haben, würde ich auf jeden Fall zunächst auch die Mastzellprotektion bevorzugen; das klappt nämlich hervorragend, und wir sehen keine Nebenwirkungen. Erst wenn das nicht hilft, ist ein inhalatives Kortikoid indiziert. Ganz besonders gut geht das bei Kindern und Jugendlichen. Bei Erwachsenen – und je länger so eine Krankheit vorliegt – sind die therapeutischen Ergebnisse schlechter.

Stichwortverzeichnis